全国重要矿产资源
潜力评价成果应用

资源潜力评价与选区研究

钼 矿

中国地质调查局资源评价部
中国地质科学院矿产资源研究所

中国原子能出版社

图书在版编目（CIP）数据

资源潜力评价与选区研究．钼矿／中国地质调查局资源评价部，中国地质科学院矿产资源研究所编．—北京：中国原子能出版社，2015.2
ISBN 978-7-5022-6480-2

Ⅰ.①资… Ⅱ.①中… ②中… Ⅲ.①钼矿床-资源潜力-资源评价 Ⅳ.①P618

中国版本图书馆 CIP 数据核字(2014)第 297165 号

资源潜力评价与选区研究·钼矿

出版发行 中国原子能出版社(北京市海淀区阜成路 43 号 100048)
责任编辑 韩 霞
装帧设计 崔 彤
责任校对 冯莲凤
责任印制 潘玉玲
印　　刷 保定市中画美凯印刷有限公司
经　　销 全国新华书店
开　　本 889 mm×1194 mm 1/16
印　　张 11.5 **字　　数** 344 千字
版　　次 2015 年 2 月第 1 版 2015 年 2 月第 1 次印刷
书　　号 ISBN 978-7-5022-6480-2 **定　　价** **60.00 元**

网址：http://www.aep.com.cn **E-mail：atomep123@126.com**
发行电话：010-68452845

前　言

1999年国土资源大调查以来，矿产资源调查评价工作通过公益先行，全面引领矿产勘查工作，取得重大成果，发现了大批矿产地，新增了大批资源量，评价并初现十大后备资源基地，支撑了国内矿产资源保障程度的明显提高，促进了全国矿产勘查开发新格局的初步构建，我国地质找矿工作步入一个新的发展阶段。

2006年，为充分利用地质调查成果和资料，全面总结我国重要矿产资源分布特点和禀赋特征，研究成矿规律，指导矿产资源勘查，贯彻落实《国务院关于加强地质工作的决定》中提出的“积极开展矿产远景调查和综合研究，科学评估区域矿产资源潜力，为科学部署矿产资源勘查提供依据”的要求和精神，国土资源部部署了全国矿产资源潜力评价工作，并把该项工作定位为我国矿产资源方面的一次重要的国情调查，目的是通过系统总结地质调查和矿产勘查工作成果，全面掌握矿产资源现状，科学评价未查明矿产资源潜力，建立真实准确的矿产资源数据。

为使矿产资源潜力评价成果资料及时服务找矿突破战略行动，中国地质调查局资源评价部和中国地质科学院矿产资源研究所组织中国地质大学（北京）、有色金属矿产地质调查中心、中国地质大学（武汉）、武警黄金地质研究所、中化地质矿山总局、北京信息科技大学等单位的矿产预测专家，共同完成了25种重要矿产中的23个矿种（未包括煤、铀）单矿种资源潜力分析，形成《资源潜力评价与选区研究系列报告》。第二批报告包括锰、锡、钼、镍、银、铬铁、菱镁、锂、硼、硫、萤石、重晶石等12个矿种。

报告编写的总体原则是力求突出和充分应用矿产资源潜力评价精华成果，为勘查选区和规划部署服务。报告对上述12个矿种的资源现状及潜力进行了综合分析，其中已查明资源储量数据截至2010年；对潜力评价预测的资源量分全国和省（市、自治区）两个层面进行汇总，同时按预测深度、预测精度及资源在目前技术经济条件下的可利用性等进行统计；最终在最新成矿规律研究成果和矿产预测的资源潜力的基础上进行了选区部署研究，确定了全国和省（市、自治区）两个层面的远景区，并进行了优选。

《资源潜力评价与选区研究系列报告》由王瑞江、薛迎喜、邢树文、肖克炎主编，其中：锰矿由陈建平、向杰、张莹执笔，锡矿由夏庆霖、汪新庆、肖文、刘壮壮、李国庆、王绍君、李童斐执笔，钼矿由唐攀科、王春艳执笔，镍矿由娄德波、范建福执笔，银矿由肖力、牛翠祎、邢俊兵、孙磊、韩先菊执笔，铬铁矿由杨毅恒、邓凡执笔，菱镁矿由丁建华执笔，锂矿由齐帅军执笔，硼矿由王莹、张杨、商朋强执笔，硫矿由李响、张杨执笔，萤石矿由唐尧、王吉平、商朋强执笔，重晶石矿由杨辉艳、张杨执笔；阴江宁负责所有矿种的数据库数据提取，刘亚玲、陈海燕负责基础底图的提取和制作。在报告完成过程中，陈毓川、叶天竺、黄崇轲、王全明、龙宝林、白鸽、袁忠信、赵一鸣、白万成、王炳铨、成秋明、付水兴、夏庆霖、王登红、李厚民、张大权、张生辉、江云华、熊先孝、薛天星、卿敏、陈丛林、蔺志永、董庆吉等专家多次提出宝贵的修改意见。在此向所有为报告编写和出版作出贡献的人表示衷心的感谢！

《资源潜力评价与选区研究系列报告》可为地质矿产调查评价专项工作部署提供依据，可为商业性矿产勘查提供基础资料，也可供大专院校、科研院所以及地质调查和矿产勘查等单位的相关人员参考。

术 语 解 释

1 级预测区：又叫最小预测区。指在矿产预测过程中，依据现有资料所圈定的不能再进一步分割的区域，其面积一般小于 50 平方千米，个别类型（如沉积型矿产）面积可放宽至 200 平方千米。根据成矿条件有利程度及资源潜力的大小，可分为 A 类预测区、B 类预测区和 C 类预测区。

2 级预测区：是指在预测靶区的基础上，从全省的角度对同一矿种的 1 级预测区进行归并所形成的区域，其面积约在几百平方千米，一般小于 1000 平方千米。

3 级预测区：是指在省级成矿远景区的基础上，从全国的角度对同一矿种的不同 2 级预测区进行归并所形成的区域，其面积约几千平方千米，一般小于 10000 平方千米。

累计查明资源储量：是指在一个矿床（区）或地区内，自开始工作至统计截止日止，上报的资源/储量总和。不扣除矿山的开采量和地下的损失量。

预测资源量 334-1：是指具有工业价值的矿产地（或已知矿床）的深部及外围的预测资源量，该资源量预测依据的资料精度须大于 1 ： 5 万。该具有工业价值的矿产地（或已知矿床）必须是通过勘查工作已经提交了 333（含 333）以上资源量的矿产地。

预测资源量 334-3：最小预测单元内可信度较低的一类预测资源量。工作中符合以下条件的即可划入本类别：① 预测资料精度小于、等于 1：20 万；② 只有间接找矿标志。

预测资源量 334-2：是指介于以上两者之间的为 334-2 预测资源量。

A 类预测区：1 级预测区的一类。该区成矿地质条件优越，找矿标志明显，与区域预测模型中的必要及重要二级要素匹配程度较高，分布于已知矿田内或区内分布有已知工业矿床，具有大型以上规模的预测资源量。

B 类预测区：1 级预测区的一类。该区成矿地质条件比较优越，具有较好的矿化信息，区内分布有已知矿点，或同时具备直接找矿标志和间接找矿标志，与区域预测模型中的必要及重要二级要素基本匹配，具有中型以上规模的预测资源量。

C 类预测区：1 级预测区的一类。该区具有一定的成矿地质条件，区内无已知矿点分布，与区域预测模型的必要及重要二级要素匹配程度较低，具有小型以上规模的预测资源量。

目　　录

第一章　全国钼矿资源潜力评价成果报告

一、概述

我国钼资源分布广泛，储量丰富，其探明储量仅次于美国而位居世界第2位，并具备鲜明特征：（1）钼矿床品位较低，多属低品位矿床。矿区平均品位小于0.1%的低品位矿床储量占总储量的65%，而品位较富的（0.2%以上）矿床的储量仅占总储量的5%。（2）伴生有益组分丰富。钼作为单一矿产的矿床，其储量仅占全国总储量的14%，而钼矿作为主矿产，同时还伴生有其他有用组分的矿床，其储量占全国总储量的64%，与铜、钨、锡等金属共生和伴生的钼储量占全国钼储量的22%。（3）钼矿床规模一般较大，多适合露采。

我国钼矿主要分布在华北陆块南北缘、黑龙江、吉林的中部、新疆东天山、内蒙古、西藏三江成矿带以及东南沿海一带，其中，华北陆块南缘的钼成矿带已探明储量约占全国总储量的1/3，再加上华北陆块北缘钼成矿带和吉林黑龙江中部钼成矿带的探明储量，可以占到全国总量的一半以上。已查明的钼矿床中基本上都是内生矿床，特别是大型、超大型钼矿床等，均产于陆壳基底（变质）中基性火山岩和（变质）中基性火山岩—沉积岩基底之上的岩体与围岩当中。成矿带不同的成矿地质背景，形成了类型多样的钼矿床，矿床类型主要有斑岩型、矽卡岩型、岩浆热液型和沉积型等。

总体而言，除少数矿床形成于古生代的海西期和新生代的喜马拉雅期外，绝大多数钼矿床均形成于中生代燕山期，特别是东部地区的钼矿床，受燕山期花岗岩类侵入活动影响显著。另外，一些大型—超大型钼矿床受纵向线型构造、建造与横向线型构造、建造的联合控制，在两组构造的交汇复合部位控制了岩体和矿带的分布，形成重要的矿床、矿田。

全国钼矿资源总量11092万吨，其中累计查明钼资源储量2132万吨，预测钼资源量8960万吨。预测钼矿资源量中，按不同预测深度分类统计：500米以浅预测资源量为5104万吨，1000米以浅预测资源量为8074万吨，2000米以浅预测资源量为8960万吨；按不同地质可靠程度分类统计：334-1预测资源量为31881万吨，334-2预测资源量为2467万吨，334-3预测资源量为3305万吨；目前技术条件下，在预测的钼资源量中，可利用的钼资源量有8222万吨，暂不可利用为738万吨。

全国累计圈定2283个钼矿最小预测区和849个省级归并2级预测区，在此基础上，全国共圈定238个钼矿3级预测区。3级预测区中，大于100万吨的钼矿预测区有21个，50万~100万吨的钼矿预测区有33个，10万~50万吨的钼矿预测区有63个，1万~10万吨的钼矿预测区有83个，小于1万的钼矿预测区有38个（见附图1-1、附图1-2）。

二、累计查明资源储量

截至2012年底，全国29省累计查明钼资源储量共计2132万吨，排在前10位的省份为：河南、安徽、吉林、内蒙古、西藏、黑龙江、陕西、河北、广东和山东（见图1-1）。

三、预测资源量

全国29省钼矿预测资源量8960万吨，排在前10位的省份为：河南、黑龙江、内蒙古、西藏、吉林、福建、新疆、安徽、云南和海南（见图1-2）。

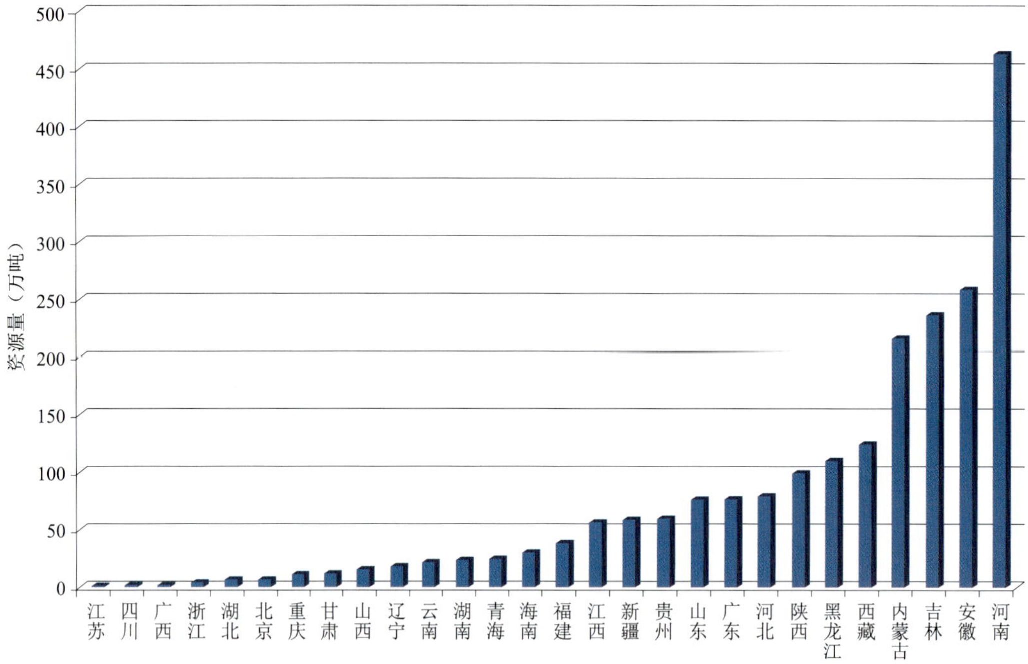

图1-1 全国29省钼矿累计查明资源量对照图

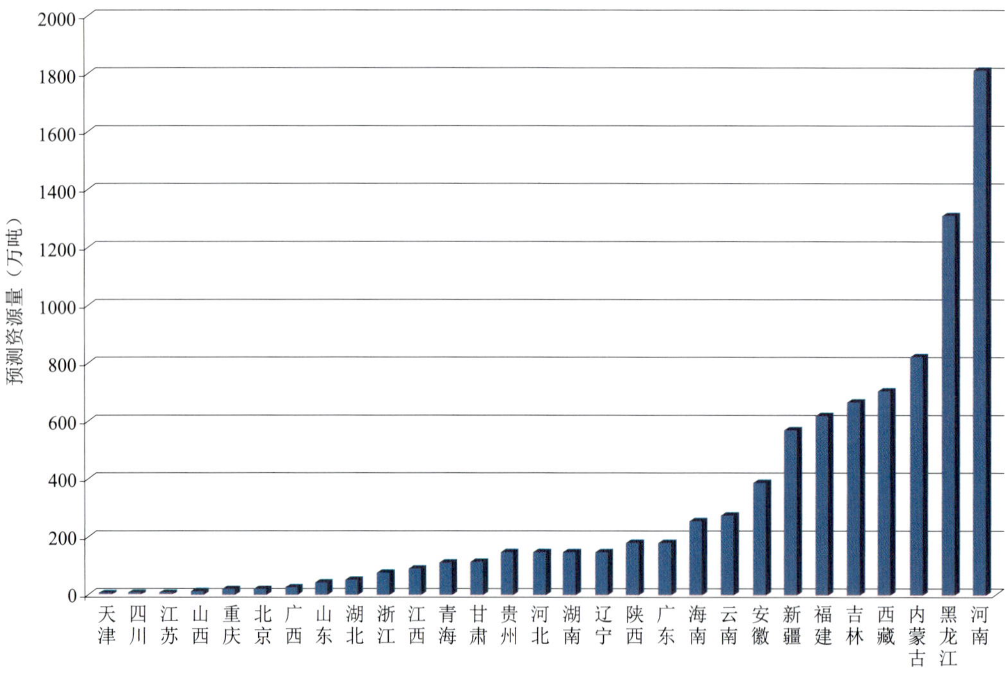

图1-2 全国29省钼矿预测资源量对照图

四、不同预测深度预测资源量

全国钼矿预测资源量按深度分类统计如下：500米以浅预测资源量为5104万吨，1000米以浅预测资源量为8074万吨，2000米以浅预测资源量为8960万吨（见图1-3）。

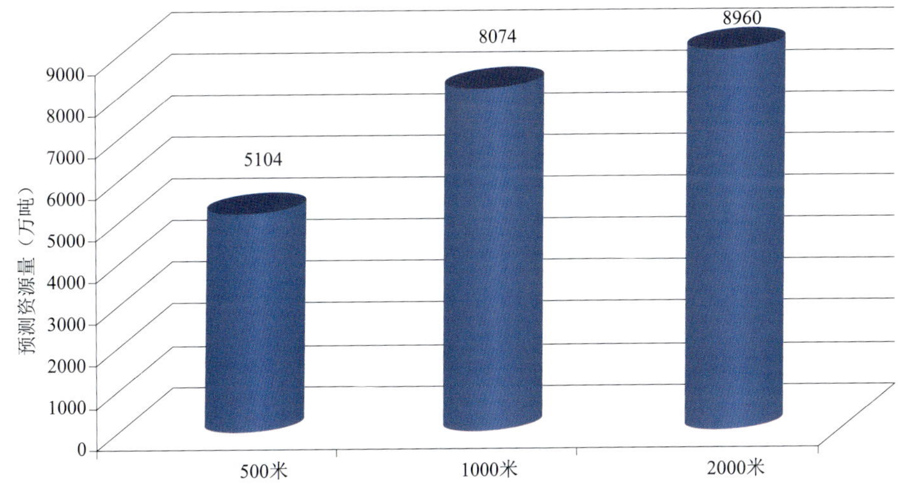

图 1-3　全国钼矿不同预测深度预测资源量对比图

五、不同地质可靠程度预测资源量

全国钼矿预测资源量按地质可靠程度分类统计如下：334-1 预测资源量为 3188 万吨，334-2 预测资源量为 2467 万吨，334-3 预测资源量为 3305 万吨（见图 1-4）。

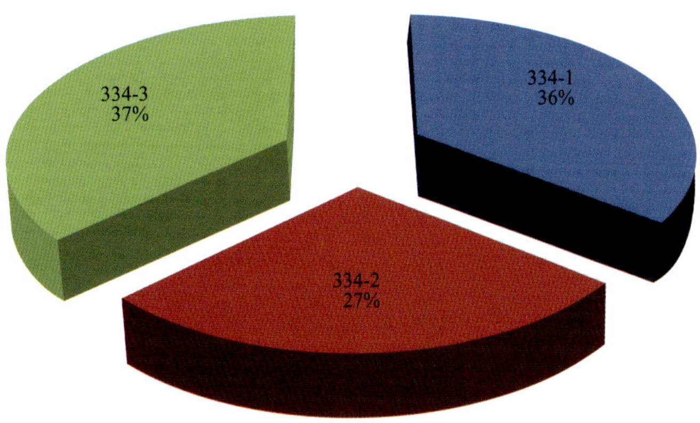

图 1-4　全国钼矿不同地质可靠程度预测资源量比例图

六、不同利用程度预测资源量

全国钼矿预测资源量按不同利用程度分类统计如下：目前经济技术条件下，可利用的钼资源量为 8222 万吨，暂不可利用为 738 万吨（见图 1-5）。

七、重要 3 级预测区地质评价（见附表 1-1）

1. 河南省鱼池岭—桐木沟钼矿 3 级预测区

该 3 级区位于河南省西部，面积约 4200 平方千米。该区位于豫皖古陆块、太华—登封新太古代岩浆弧内。区内主要出露晚太古代片麻岩穹窿及盖层火山岩及沉积碎屑岩—碳酸盐建造，构造运动频繁，岩浆活动强烈，形成了丰富的钼、钨、金、铅、锌等矿产资源。该区地层具古陆块双层结构，基底地层有太古宇太华杂岩，盖层有中元古界熊耳群、官道口群、高山河组；新元古界蓟县系官道口群、汝阳群；

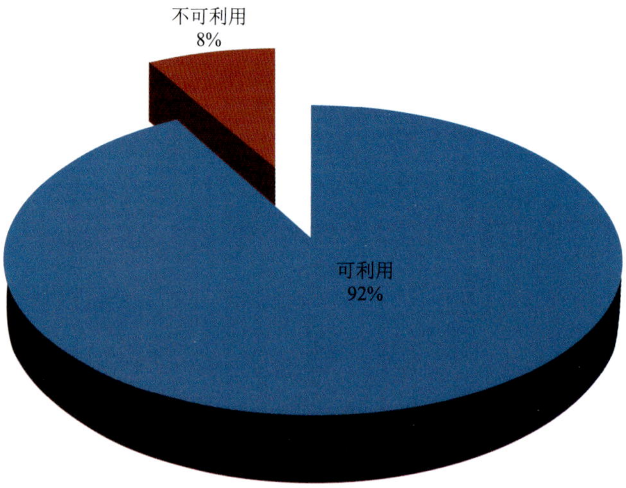

图 1-5　全国钼矿不同利用程度预测资源量比例图

新元古界青白口系栾川群及震旦系陶湾群。其中熊耳群与本区岩浆—热液型钼矿有关。区内岩浆活动强烈而频繁，自太古代、元古代到中生代都有表现，具有多旋回、多期性特征。太古代岩浆活动表现为中基性—中酸性的火山喷发及 TTG 岩系的侵入。元古代熊耳期表现为中基性的火山的强烈喷发和中基性岩浆的小规模侵入，中生代印支—燕山期岩浆活动强烈而广泛，形成花岗岩岩基（如花山、合峪岩体等）和花岗斑岩体。其中印支—燕山期花岗岩与本区的金、钼、钨等内生矿产具有密切的成生关系。区内预测资源量 2000 米以浅钼矿为 1234. 5 万吨，全国排名第 1，累计查明资源储量为 346. 6 万吨。区内主攻矿种及类型为：(1) 雷门沟式斑岩型钼矿；(2) 东沟式斑岩型钼矿；(3) 石门沟式斑岩型钼矿。

2. 河南省老庙林场—新县钼矿 3 级预测区

该 3 级区位于河南省南部，面积 2424 平方千米。该区位于秦祁昆造山系（Ⅲ）东段，跨北秦岭弧盆系（Ⅲ2）、中秦岭—陆坡（Ⅲ3）和大别—苏鲁地块（Ⅲ5）。区内变质地层发育，岩浆活动频繁，构造变形强烈，具备金银、钼多金属矿成矿的地质条件。区内出露地层为中新生代上叠盆地上侏罗统段集组陆相碎屑岩、下白垩统陈棚组陆相中酸性火山岩和上白垩统周进沟组陆相碎屑岩沉积等。预测工作区岩浆活动频繁，岩石类型分布齐全，以中—酸性岩为主，少量基性岩和碱性岩。其中火山活动在早古生代（二郎坪群细碧岩—石英角斑岩）、晚古生代（定远组双峰式火山岩）、早白垩世早期（陈棚组中酸性火山岩）最为发育；侵入活动以晚侏罗世—早白垩世花岗岩最为强烈。呈小岩株、岩滴或脉状产出的花岗斑岩体，与区内内生金属矿成矿关系密切，是母山式斑岩型铜钼矿的赋矿母岩。区内不同时代、不同建造、不同构造背景下形成的构造岩块（岩片），经过多期复杂的构造演化，形成纵向上堆垛叠置、横向上镶嵌拼合而成的复合型造山带。基本构造格架为线状强变形带（区域性断裂带）与带状弱变形域（构造岩片）的规律组合。区内预测资源量 2000 米以浅钼矿为 432. 6 万吨，全国排名第 2，累计查明资源储量为 66. 4 万吨。区内主攻矿种及类型为母山式斑岩型钼矿。

3. 吉林省永吉—桦甸钼矿 3 级预测区

该 3 级区位于吉林省中东部，面积约 5700 平方千米。该区位于盘桦裂陷槽的东缘，南楼山—辽源中生代火山盆地群、吉林中东部火山岩浆段的叠合部位。区内主要出露晚三叠世四合屯组、早侏罗世南楼山组和玉兴屯组火山岩、侏罗世石英闪长岩、花岗闪长岩、二长花岗岩、寒武系头道沟岩组变质岩构造残片和二叠系范家屯组、碎屑岩。该区与钼矿有关的建造为中酸性侵入岩，区内钼、铜及多金属矿床（点）多与侵入岩有关，如大黑山钼矿床（特大型）、四方甸子钼矿床等。燕山期二长花岗岩及花岗闪长岩在空间上与钼矿关系密切。此外燕山晚期花岗斑岩（朝阳沟小岩体）、闪长玢岩（长岗岭村小岩体）也见硫化物矿化。另外，区内头道沟阳起石岩夹变质砂岩建造是洋底火山喷发有关的块状硫化矿床的相关载体之一。区内与钼矿产侵入岩浆（热液）有关的构造主要为北东—南西向大型断裂带控制。区内预测资源量2000米以浅钼矿为429.7万吨，全国排名第3，累计查明资源储量为160.9万吨。区内主攻矿种及类型为大黑山式斑岩型钼矿。

4. 内蒙古原林林场地区岔路口钼矿3级预测区

该3级区位于内蒙古自治区东北部，面积约3076平方千米。该区所处大地构造单元古生代属天山兴蒙造山系大兴安岭弧盆系I-I-3海拉尔—呼玛弧后盆地（Pz）；中生代属环太平洋巨型火山活动带、大兴安岭火山岩带、陈巴尔虎旗—根河火山喷发带、阿里河晚侏罗—早白垩世火山盆地，具有优越的钼矿成矿地质条件。区域地层发育较齐全，从元古界至新生界都有出露，以中生界分布最为广泛。区域上岩浆侵入活动显示出多期次、继承性、持续活动的特点，自加里东期至燕山晚期均有表现。加里东期为超基性岩侵入，仅见零星出露的橄榄岩；海西晚期为石英闪长岩、花岗闪长岩、二长花岗岩等侵入活动；燕山早期有黑云母二长花岗岩、钾长花岗岩、花岗斑岩的中深成侵入，燕山晚期广泛发育有石英斑岩、花岗斑岩、闪长玢岩等超浅成次火山侵入活动。本区地处内蒙古—兴安地槽褶皱系北段，大兴安岭火山岩带边部隆起处。构造形迹以断裂为主，褶皱主要发育于基底构造层，紧密且复杂。中生代构造层只表现宽缓隆起或凹陷，在中生代火山岩发育地区，常发育有中心式火山机构、火山穹隆、破火山口等。区内预测资源量2000米以浅钼矿为237.7万吨，全国排名第4，累计查明资源储量为112.5万吨。区内主攻矿种及类型为岔路口式斑岩型钼矿。

5. 黑龙江省黑河市乌里亚钼矿3级预测区

该3级区位于黑龙江省中北部，面积约8360平方千米。本区位于早白垩世黑河—嫩江火山喷发带，属于大兴安岭构造岩浆岩带多宝山亚带，其基底为古生代的多宝山岛弧带，构造岩浆活动十分频繁，具有金铜矿产形成的有利背景。区内的下—中奥陶统多宝山组总体上下部属火山碎屑浊积建造夹碳酸盐—浊积岩建造，中上部属岛弧型钙碱性火山岩建造，为多宝山斑岩型铜钼矿床的主要赋矿围岩。区内出露的早—中奥陶统的花岗闪长斑岩和花岗闪长岩，晚二叠—早三叠世中粗粒碱长花岗岩及二长花岗岩，晚三叠—早侏罗世二长花岗岩、花岗闪长岩、石英闪长岩、碱长花岗岩及早白垩世的花岗斑岩、中粒黑云母碱长花岗岩为区内的钼矿提供了丰富的物质来源：早—中奥陶统的花岗闪长斑岩和花岗闪长岩为多宝山斑岩铜钼矿的成矿母岩，晚三叠—早侏罗世二长花岗岩为鹿鸣斑岩型钼矿的成矿母岩。早白垩世的花岗斑岩为四山林场斑岩型钼矿的成矿岩体。中生代以来，该带受古太平洋构造体制和蒙古—鄂霍次克构造体制的双重控制，处于活动大陆边缘环境，构造岩浆活动强烈，形成了规模宏大的早白垩世壳幔混合型高钾钙碱性系列火山岩和与其同源不同相的中酸性浅成侵入体，并成为金、有色金属的主要矿源层和热源。区内预测资源量2000米以浅钼矿为236.1万吨，全国排名第5，累计查明资源储量为3万吨。区内主攻矿种及类型为多宝山式斑岩型铜钼矿、鹿鸣式斑岩型钼矿和四山林场式斑岩型铜钼矿。

6. 吉林省敦化大石河钼矿3级预测区

该3级区位于吉林省中北部，面积约3703平方千米。位于东北叠加造山—裂谷系（Ⅰ）、小兴安岭—张广才岭叠加岩浆弧（Ⅱ）、张广才岭—哈达岭火山—盆地区（Ⅲ）、南楼山—辽源火山—盆地群（Ⅳ），区内主要出露岩石为新元古代拉拉沟组和朱墩店岩组变质岩，二叠系红山组沉积岩。侵入岩有早、中侏罗世石英闪长岩、花岗闪长岩和晚侏罗世二长花岗岩。区内钼及多金属矿床（点）与燕山期侵入岩浆相关，如大石河钼矿床等。区内预测资源量2000米以浅钼矿为190.3万吨，全国排名第6，累计查明资源储量为35.3万吨。区内主攻矿种及类型为大石河式斑岩型钼矿。

7. 西藏自治区墨竹工卡县邦铺钼矿3级预测区

该3级区位于西藏自治区中部，面积约2654平方千米。该区位于冈底斯成矿带东段，大地构造位于冈底斯—念青唐古拉板片，是东特提斯构造域中晚古生代以来具有独特演化历程的一个多岛弧碰撞造山带。地层主要为上侏罗统多底沟组、中侏罗统叶巴组和下白垩统林布宗组。属拉萨—察隅地层分区，围岩为中二叠统洛巴堆组（P_2l）下部灰岩，中部中基性火山岩和上部灰岩夹石英砂岩的碳酸盐岩组成的地质体。是由陆缘障壁岛型和浅海陆棚台地型碳酸盐岩组成，局部夹有活动岛弧型火山岩和火山碎屑混入，沉积厚度各处变化较大；古近系典中组（E_1d）灰绿色凝灰质板岩火山岩建造。侵入岩主要形成于燕山晚期和喜山期，其中燕山期侵入岩以中酸性为主，喜山期侵入岩以酸性为主，冈底斯斑岩成矿系统即产于冈底斯岩浆带中。侵入岩以发育巨大的复式花岗岩基为特点，主要岩性为石英闪长岩、石英二长岩、花岗闪长岩、黑云二长花岗岩、二云二长花岗岩、微斜长石花岗岩、花岗斑岩及花岗细晶岩脉等，主要为与洋壳俯冲、陆陆碰撞造山、造山后伸展有关的I-S型花岗岩。在冈底斯火山—岩浆弧之上，发育有近东西向展布的弧间盆地沉积，主要为一套中生代滨海相碳酸盐岩、砂岩、页岩夹中酸性火山岩建造。弧间盆地边缘盆山转换部位是铜、多金属矿床形成的有利环境，火山和热液活动构成了成矿物质的主要来源，控制着多金属成矿系统的形成。区内岩体侵位主要受东西向构造控制，斑岩体内外接触带控制主要矿体。被动侵位的含矿斑岩体的内外接触带是极其重要的容矿构造，是主要矿体的产出部位。区内预测资源量2000米以浅钼矿为181.8万吨，全国排名第7，累计查明资源储量为56.1万吨。区内主攻矿种及类型为邦铺式斑岩型钼矿。

8. 新疆维吾尔自治区哈密市东戈壁钼矿3级预测区

该3级区位于新疆维吾尔族自治区东部，面积约5754平方千米。该区处于天山兴蒙造山系（Ⅰ），准噶尔地块—吐哈地块（Ⅰ-13），觉罗塔格裂陷槽（裂谷）（Ⅰ-13-5）内。预测工作区内钼矿产于弧盆系大相，深成岩浆岩相的俯冲期岩体或后碰撞岩浆杂岩亚相中。出露地层为下石炭统苦水组，梧桐窝子组和干墩组，雅满苏组和上石炭统沙泉子组，苦水组具裂谷拉张早期特征，梧桐窝子组为深海相双峰式火山岩，干墩组为含放射虫硅质页岩建造，雅满苏组以中酸性夹基性火山熔岩和火山碎屑岩为主，火山机构较多，沙泉子组、白鱼山组为基—酸性火山岩组合。二叠系下统为中基性火山岩，上统为磨拉石。干墩组是铜、钼、铅、锌、金、银矿产的主要赋矿层位。区内主要岩浆活动为二叠纪正长花岗岩、二长花岗岩、黑云母花岗岩、花岗闪长岩、石英闪长岩、闪长岩，钼矿主要产于晚二叠世正长花岗（斑）岩、二长花岗（斑）岩及黑云母花岗（斑）岩中。与成矿有关的岩体多为面积不大的黑云母花岗（斑）岩体，平面上呈不规则长条状（脉）状、次圆或次椭圆状形态。区内预测资源量2000米以浅钼矿为172.8万吨，全国排名第8，累计查明资源储量为65万吨。区内主攻矿种及类型为白山式斑岩型钼矿。

9. 黑龙江省大兴安岭地区呼中区白卡鲁山钼矿3级预测区

该3级区位于黑龙江省西北部，面积约3091平方千米。本区大地构造位置为额尔古纳俯冲碰撞火山—侵入岩带，与成矿有关的早白垩世花岗斑岩呈岩株状分布较广，区内已发现与花岗斑岩有关的钼矿点，区域成矿条件较好，岔路口式钼矿床的形成与其密切相关。该区赋矿地层为早白垩世花岗斑岩、上侏罗统白音高老组及上元古界—下寒武统倭勒根群大网子组。区内预测资源量2000米以浅钼矿为167万吨，全国排名第9，累计查明资源储量为0万吨。区内主攻矿种及类型为岔路口式斑岩型钼矿。

10. 内蒙古自治区兴和县曹四夭钼矿3级预测区

该3级区位于内蒙古自治区中部，面积约775平方千米。该区大地构造位置处于华北克拉通北部内蒙古台隆（地轴）西段凉城断隆东侧，位于凉城—兴和钼、铅、锌、银和金成矿带的东端，商都—兴和—蔚县北西向区域性深大断裂与其次一级断裂的交汇部位，与伸展断裂构造关系密切。出露的地层为太古宇集宁群片麻岩、混合岩和变粒岩以及斜长角闪岩，局部见有大理岩，其上为中—上侏罗统砂砾岩、粉砂岩和泥灰岩等。岩体主要为前寒武纪英云闪长岩、钾长花岗岩、苏长岩和黑云母花岗岩以及古生代钾长花岗岩和辉长岩。中生代侵入岩主要有似斑状花岗岩、正长花岗（斑）岩、石英斑岩和花岗斑岩，多呈岩株状、脉状和岩墙侵入到太古宙变质岩中，并且构成钼矿床的容矿围岩。区内预测资源量2000米以浅钼矿为152.8万吨，全国排名第10，累计查明资源储量为10万吨。区内主攻矿种及类型为大苏计式斑岩型钼矿。

11. 新疆维吾尔族自治区哈密市白山钼矿3级预测区

该3级区位于新疆维吾尔族自治区东部，面积约2073平方千米。该区与东戈壁钼矿3级预测区的地质条件相近，白山铼钼矿控矿构造为干墩大断裂的次一级近东西向断裂。矿体产于燕山期梧桐小泉中细粒黑云花岗岩与下石炭统干墩组第二岩性段变粒岩和黑云微晶片岩接触带上。矿化作用发生的时间与黑云母斜长花岗岩的侵位时间基本一致。区内预测资源量2000米以浅钼矿为152.5万吨，全国排名第11，累计查明资源储量为 12 万吨。区内主攻矿种及类型为白山式斑岩型钼矿。

12. 海南省乐东县大母岭钼矿 3 级预测区

该 3 级区位于海南省南部，面积约 2807 平方千米。该区属华南成矿省（Ⅱ-16）海南铁铜钴钼金铅锌水晶成矿区（Ⅲ-90），构造上属于武夷—云开—台湾造山系（Ⅰ级构造单元）五指山岩浆弧（Ⅱ级构造单元）五指山褶冲带（Ⅲ级构造单元）琼西岩浆弧（Ⅳ级构造单元）。该区与印支期花岗斑岩体有关的内、外按触带内，以及由区域南北向逆时针对扭应力作用下产生的低序次北北西—近南北向断裂带控制矿体的分布。印支期花岗斑岩为重要的成矿母岩，晚白垩世斑状花岗岩小岩株的侵入促使钼、钨等金属元素的富集、迁移、沉淀成矿。赋矿地层为海西期二长花岗岩、印支期正长花岗岩和花岗斑岩体，以及岩体内部的石英脉、蚀变破碎带。区内预测资源量 2000 米以浅钼矿为 151. 5 万吨，全国排名第 12，累计查明资源储量为 27. 3 万吨。区内主攻矿种及类型为园珠顶式斑岩型钼矿和罗葵洞式斑岩型钼矿。

13. 安徽省池州市黄山岭预测区钼矿 3 级预测区

该 3 级区位于安徽省南部，面积约 6162 平方千米。该区位于扬子准地台下扬子台坳，东至青阳深断裂呈北东向贯穿该区（梅村—牛背脊），成为沿江拱断褶带与皖南陷断带的分界线。区域地层属扬子地层区下扬子地层分区贵池地层小区，地层发育良好，除侏罗系、第三系缺失外，自寒武系至第四系均有出露。自晚三叠世以来，区内经历了印支、燕山构造运动的影响，岩浆活动频繁，不同期次、不同成因的侵入岩广布，其中九华钾长花岗岩体和谭山花岗岩体对后期成矿影响较为密切。成矿区带上该矿床属于江南隆起东段金-银-铅-锌-钨-锰-钒-萤石成矿带。区内预测资源量 2000 米以浅钼矿为 148 万吨，全国排名第 13，累计查明资源储量为 15. 4 万吨。区内主攻矿种及类型为黄山岭式矽卡岩型钼矿。

附表 1-1　全国钼矿 3 级预测区一览表

序号	3 级预测区名称	累计查明资源储量（金属量，万吨）	预测资源量（金属量，万吨）			预测类型
			500 米以浅	1000 米以浅	2000 米以浅	
1	河南鱼池岭—桐木沟预测区	346. 6	644. 3	1 168. 6	1 234. 5	岩浆热液型（斑岩型）
2	河南老庙林场—新县预测区	66. 4	231. 5	425. 4	432. 6	岩浆热液型（斑岩型）
3	吉林永吉县桦甸预测区	160. 9	141. 8	4 297. 0	429. 7	岩浆热液型（斑岩型）
4	内蒙古原林林场地区岔路口预测区	112. 5	109. 2	168. 1	237. 7	岩浆热液型
5	黑龙江黑河市乌里亚预测区	3. 0	116. 5	232. 9	236. 1	岩浆热液型（斑岩型）
6	吉林敦化大石河预测区	35. 3	79. 3	190. 3	190. 3	岩浆热液型（斑岩型）
7	西藏墨竹工卡县邦铺预测区	56. 1	150. 3	181. 8	181. 8	岩浆热液型（斑岩型）
8	新疆哈密市东戈壁预测区	65. 0	56. 2	172. 8	172. 8	岩浆热液型（斑岩型）
9	黑龙江大兴安岭地区呼中区白卡鲁山预测区		41. 7	83. 5	167. 0	岩浆热液型
10	内蒙古兴和县大梁村预测区	10	46. 5	93. 0	152. 8	岩浆热液型
11	新疆哈密市白山预测区	12. 0	53. 1	106. 3	152. 5	岩浆热液型（斑岩型）
12	海南乐东县大母岭预测区	27. 3	56. 2	115. 0	151. 5	岩浆热液型（斑岩型）
13	安徽池州市黄山岭预测区	15. 4	71. 7	130. 8	148. 0	矽卡岩型
14	云南普洱市澜沧县老厂预测区			72. 6	145. 3	岩浆热液型（斑岩型）
15	黑龙江铁力市鹿鸣预测区	80. 3	68. 5	136. 9	137. 4	岩浆热液型（斑岩型）
16	西藏墨竹工卡县驱龙预测区	49. 5	104. 4	125. 5	125. 5	岩浆热液型（斑岩型）
17	辽宁锦西杨家杖子—磨盘山预测区	57. 2	72. 2	119. 2	123. 6	岩浆热液型（斑岩型）
18	云南香格里拉县休瓦促预测区	3. 8	56. 4	81. 7	107. 0	岩浆热液型
19	福建尤溪尤溪口—南平巨口预测区	1. 8	106. 4	106. 4	106. 4	岩浆热液型

续表

序号	3级预测区名称	累计查明资源储量（金属量，万吨）	预测资源量（金属量，万吨）			预测类型
			500米以浅	1000米以浅	2000米以浅	
20	安徽金寨县沙坪沟预测区	200.2	27.8	74.1	105.9	岩浆热液型（斑岩型）
21	西藏左贡县拉荣预测区	48.5	71.5	101.8	101.8	岩浆热液型
22	黑龙江新林区小诺木诺孔河预测区		24.7	49.5	99.0	岩浆热液型
23	内蒙古丰镇市朱沿沟预测区	4.7	50.1	85.2	96.3	
24	福建平和鸡笼山预测区	7.3	94.2	94.2	94.2	岩浆热液型
25	陕西蓝田县黄沙岭预测区	48.5	71.5	101.8	101.8	岩浆热液型
26	海南陵水县新安林场预测区	1.4	65.7	89.3	89.3	岩浆热液型
27	河南南泥河—西石门后沟预测区	15.4	53.7	89.3	89.3	岩浆热液型（斑岩型）
28	内蒙古花陶勒盖预测区	26.0	8	84.3	84.3	岩浆热液型（斑岩型）
29	福建南安池子头预测区	1.7	82.8	82.8	82.8	岩浆热液型
30	新疆富蕴县玉勒肯哈拉苏预测区		4	80.1	80.1	岩浆热液型（斑岩型）
31	西藏洛荣预测区	1.3	60.4	79.7	79.7	岩浆热液型（斑岩型）
32	贵州松林预测区	37.4	13.4	23.3	77.8	沉积型
33	黑龙江通河县燕窝山预测区		36.7	73.3	73.5	岩浆热液型（斑岩型）
34	广东英德县大宝山预测区	23.7	8.1	16.3	67.8	岩浆热液型
35	贵州中寨预测区	6.6	8.3	18.3	67.4	沉积型
36	新疆哈密市三岔口预测区		39.4	66.6	66.6	岩浆热液型（斑岩型）
37	黑龙江伊春市丰茂林场预测区		33.0	65.9	66.0	岩浆热液型（斑岩型）
38	黑龙江逊克县霍吉河预测区	36.4	32.8	65.6	65.9	岩浆热液型（斑岩型）
39	青海杂多县纳日贡玛预测区	24.0	59.6	65.5	65.5	岩浆热液型
40	黑龙江大兴安岭地区呼中区雄关林场预测区		15.9	31.7	63.5	岩浆热液型
41	安徽泾县檀树岭预测区	5.2	41.6	63.1	63.3	岩浆热液型（斑岩型）
42	安徽铜陵市铜官山预测区	0.3	28.4	52.2	63.0	矽卡岩型
43	广东怀集县园珠顶预测区	25.9	16.2	43.4	61.9	岩浆热液型
44	福建建瓯路口预测区	13.6	60.4	61.9	61.9	岩浆热液型
45	陕西宁陕县小川乡预测区	0.6	61.9	61.9	61.9	岩浆热液型
46	甘肃秦安县锁子峡预测区	16.2	34.9	59.9	59.9	岩浆热液型
47	黑龙江尚志市平林林场预测区		28.9	57.8	57.9	岩浆热液型（斑岩型）
48	黑龙江东宁县三绝山预测区		28.2	56.4	57.6	岩浆热液型
49	黑龙江呼玛县基座山预测区		13.8	27.5	55.0	岩浆热液型
50	西藏乃东县努日预测区	7.3	52.5	52.9	52.9	矽卡岩型
51	河北湖海岭预测区	34.0	47.0	52.7	52.7	岩浆热液型（斑岩型）
52	内蒙古乌奴格吐山预测区	40.4	38.1	52.4	52.4	岩浆热液型（斑岩型）
53	甘肃肃南县小柳沟预测区	7.9	33.4	51.0	51.0	复合内生型
54	福建大田东山头预测区	3.5	47.4	50.8	50.8	岩浆热液型（斑岩型）
55	黑龙江黑河市乌里亚预测区	1	22.9	45.8	49.6	岩浆热液型（斑岩型）
56	西藏工布江达县沙让预测区	35.0	42.1	45.7	45.7	岩浆热液型（斑岩型）
57	西藏工布江达县塔弄拉预测区		44.9	44.9	44.9	岩浆热液型（斑岩型）

续表

序号	3级预测区名称	累计查明资源储量（金属量，万吨）	预测资源量（金属量，万吨）			预测类型
			500米以浅	1000米以浅	2000米以浅	
58	福建漳平市大坂预测区	8.3	31.1	44.6	44.6	矽卡岩型
59	山东烟台市福山预测区	58.4	22.2	42.7	42.7	矽卡岩型
60	福建周宁仙岭尾预测区	8.8	37.2	4	4	岩浆热液型（斑岩型）
61	黑龙江密山市连珠山预测区	1.3	19.6	39.1	39.4	岩浆热液型（斑岩型）
62	河北撒岱沟门预测区	27.3	32.3	38.8	38.8	岩浆热液型（斑岩型）
63	河南朱斐店预测区	23.5	37.9	37.9	37.9	岩浆热液型（斑岩型）
64	福建浦城上厂预测区	4.0	36.2	36.2	36.2	岩浆热液型（斑岩型）
65	黑龙江漠河县下龙沟河预测区		8.8	17.5	35.0	岩浆热液型
66	西藏工布江达县错高区预测区		34.3	34.3	34.3	岩浆热液型
67	广东阳春县天堂—信宜县石珠预测区	14.8	17.8	34.2	34.2	岩浆热液型
68	浙江青田县石平川预测区	4.9	34.0	34.0	34.0	岩浆热液型
69	福建连城冷水坑预测区		32.5	32.5	32.5	岩浆热液型
70	湖南张家界市天门山预测区	5.1	21.3	30.8	31.0	沉积型
71	吉林永吉县铁汞山预测区	0.8	15.0	30.8	30.8	岩浆热液型（斑岩型）
72	黑龙江阿城市白岭西预测区	4.4	15.6	3	3	矽卡岩型
73	湖南郴州市香花岭预测区	18.6	27.1	28.3	28.3	岩浆热液型
74	陕西山阳县砚池河预测区	4.0	28.0	28.0	28.0	岩浆热液型
75	内蒙古德尔斯沃博勒卓预测区		21.1	26.8	26.8	岩浆热液型
76	江西寻乌县铜坑嶂预测区	20.1	22.8	24.5	24.5	岩浆热液型
77	西藏南木林县查那预测区	0.3	24.1	24.1	24.1	岩浆热液型（斑岩型）
78	黑龙江海林市老黑顶预测区		11.1	22.2	23.3	岩浆热液型（斑岩型）
79	新疆巩留县库勒萨依预测区	15.6	22.9	22.9	22.9	岩浆热液型（斑岩型）
80	福建邵武高坑预测区		22.7	22.7	22.7	岩浆热液型
81	北京黄场—董家沟预测区	7.6	22.3	22.3	22.3	岩浆热液型
82	福建安溪彭溪预测区		21.8	21.8	21.8	岩浆热液型
83	湖北烈马咀预测区		21.6	21.6	21.6	岩浆热液型
84	江西德兴市黄土岭预测区	27.2	5.4	13.5	21.3	岩浆热液型
85	湖南常宁县水口山—大义山预测区		21.2	21.2	21.2	矽卡岩型
86	内蒙古赤峰市黄家营子预测区	0.6	11.2	20.3	20.3	岩浆热液型
87	浙江金华县黄康预测区		19.7	19.7	19.7	岩浆热液型
88	湖南江华瑶族自治县都庞岭—九嶷山预测区		19.4	19.4	19.4	岩浆热液型
89	云南祥云县马厂箐预测区	5.5	9.1	18.2	18.2	岩浆热液型（斑岩型）
90	黑龙江逊克县查山林场预测区	3.0	8.7	17.3	17.6	岩浆热液型（斑岩型）
91	福建连城姑田预测区	8.9	17.2	17.4	17.4	岩浆热液型（斑岩型）
92	辽宁建平县深井肖家营子预测区	10.5	8.6	16.6	17.3	矽卡岩型
93	内蒙古赤峰市黄家沟预测区	14.7	9.3	14.3	17.1	岩浆热液型
94	河北二道营预测区	0.5	13.6	16.5	16.5	岩浆热液型（斑岩型）

续表

序号	3 级预测区名称	累计查明资源储量（金属量，万吨）	预测资源量（金属量，万吨）			预测类型
			500 米以浅	1000 米以浅	2000 米以浅	
95	内蒙古八大关预测区	1.0	13.2	16.1	16.1	岩浆热液型（斑岩型）
96	河北挂兰峪镇预测区	2.0	7.8	15.9	15.9	矽卡岩型
97	重庆奉节兴隆预测区	12.0	6.4	15.5	15.5	
98	浙江安吉五云里预测区	0.8	12.9	15.5	15.5	岩浆热液型（斑岩型）
99	新疆富蕴县索尔库都克预测区	1.4	8.6	15.1	15.1	岩浆热液型（斑岩型）
100	内蒙古额济纳旗流沙山预测区	0.1	11.2	15.1	15.1	岩浆热液型（斑岩型）
101	新疆裕民县阿克塔预测区	1.2	14.9	14.9	14.9	岩浆热液型（斑岩型）
102	新疆温泉县库松木契克西预测区	1.2	13.7	13.7	13.7	岩浆热液型（斑岩型）
103	新疆若羌县太平沟预测区	0.7	13.3	13.3	13.3	矽卡岩型
104	黑龙江五常市长发屯预测区		6.6	13.1	13.3	岩浆热液型（斑岩型）
105	内蒙古赤峰市南塔预测区	1.4	5.8	8.7	12.7	岩浆热液型
106	湖南浏阳市蕉溪岭—七宝山预测区	0.9	11.5	11.8	11.8	岩浆热液型
107	广西预测区苍梧县黄沙冲		11.7	11.7	11.7	岩浆热液型
108	湖北温家寨预测区		11.4	11.4	11.4	岩浆热液型（斑岩型）
109	内蒙古阿拉戈乌拉预测区	6.4	7.6	11.2	11.2	岩浆热液型
110	内蒙古努其根呼都格预测区		9.7	11.2	11.2	岩浆热液型（斑岩型）
111	江西瑞昌市武山预测区	3.8	3.7	8.7	11.1	矽卡岩型
112	海南屯昌县黄竹岭预测区	0.2	8.2	11.0	11.0	岩浆热液型
113	内蒙古科右前旗树木沟—右中旗柳条沟预测区		10.3	10.9	10.9	岩浆热液型（侵入岩体）
114	江西赣州市下村预测区	0.8	9.0	10.8	10.8	岩浆热液型
115	湖南吉首市预测区		10.7	10.7	10.7	沉积型
116	山西繁峙县后峪预测区	10.4	4.9	10.6	10.6	岩浆热液型（斑岩型）
117	河南横山坡—蛤蟆嘴洞预测区	5.1	9.2	10.4	10.4	岩浆热液型（斑岩型）

注：该表为大于 10 万吨的钼矿 3 级预测区简表；按 2000 米以浅预测资源量排序，大于 50 万吨的 54 个 3 级预测区在附图 1-1 上标明。

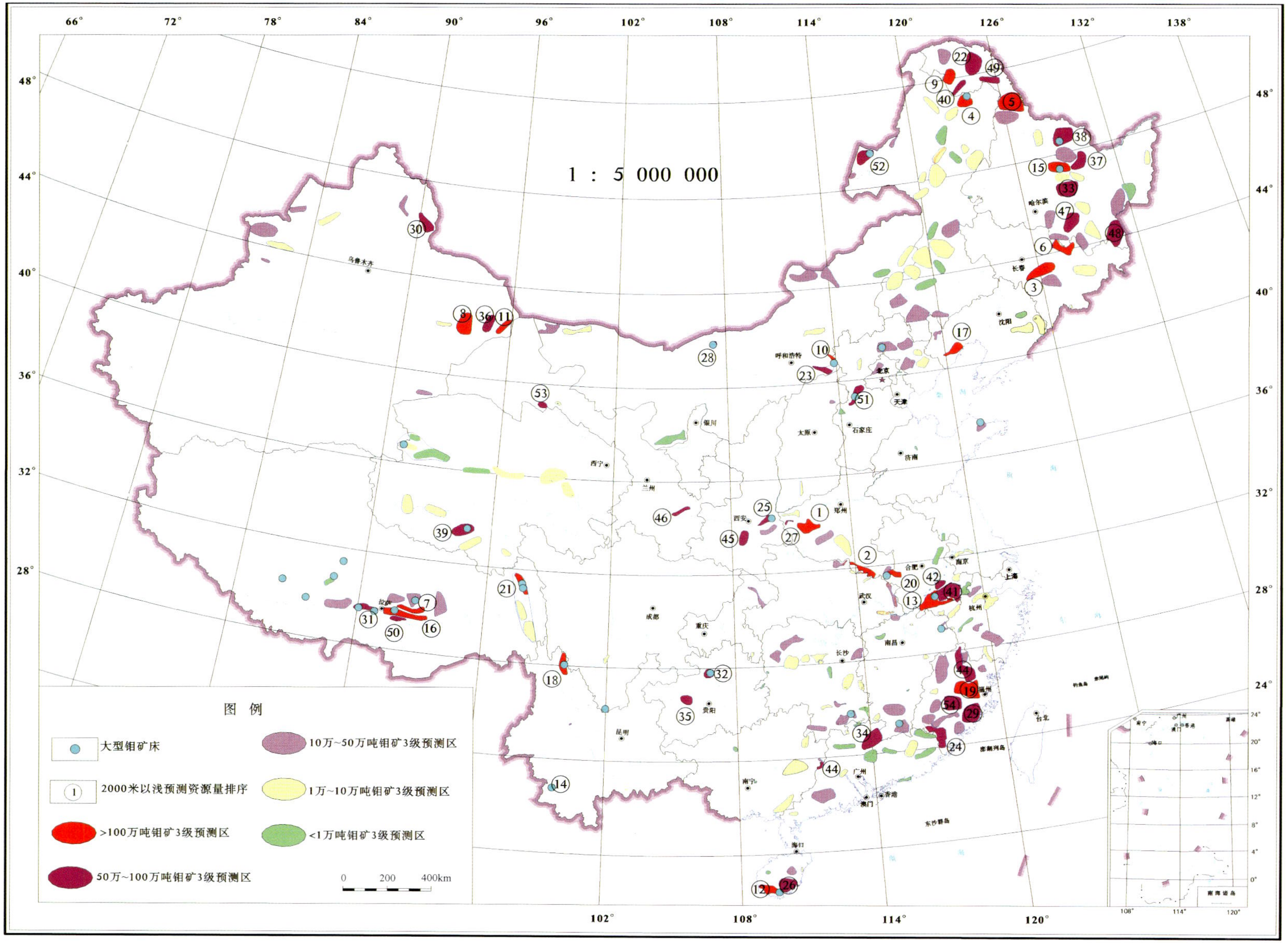

附图 1-1　全国钼矿 3 级预测区分布图

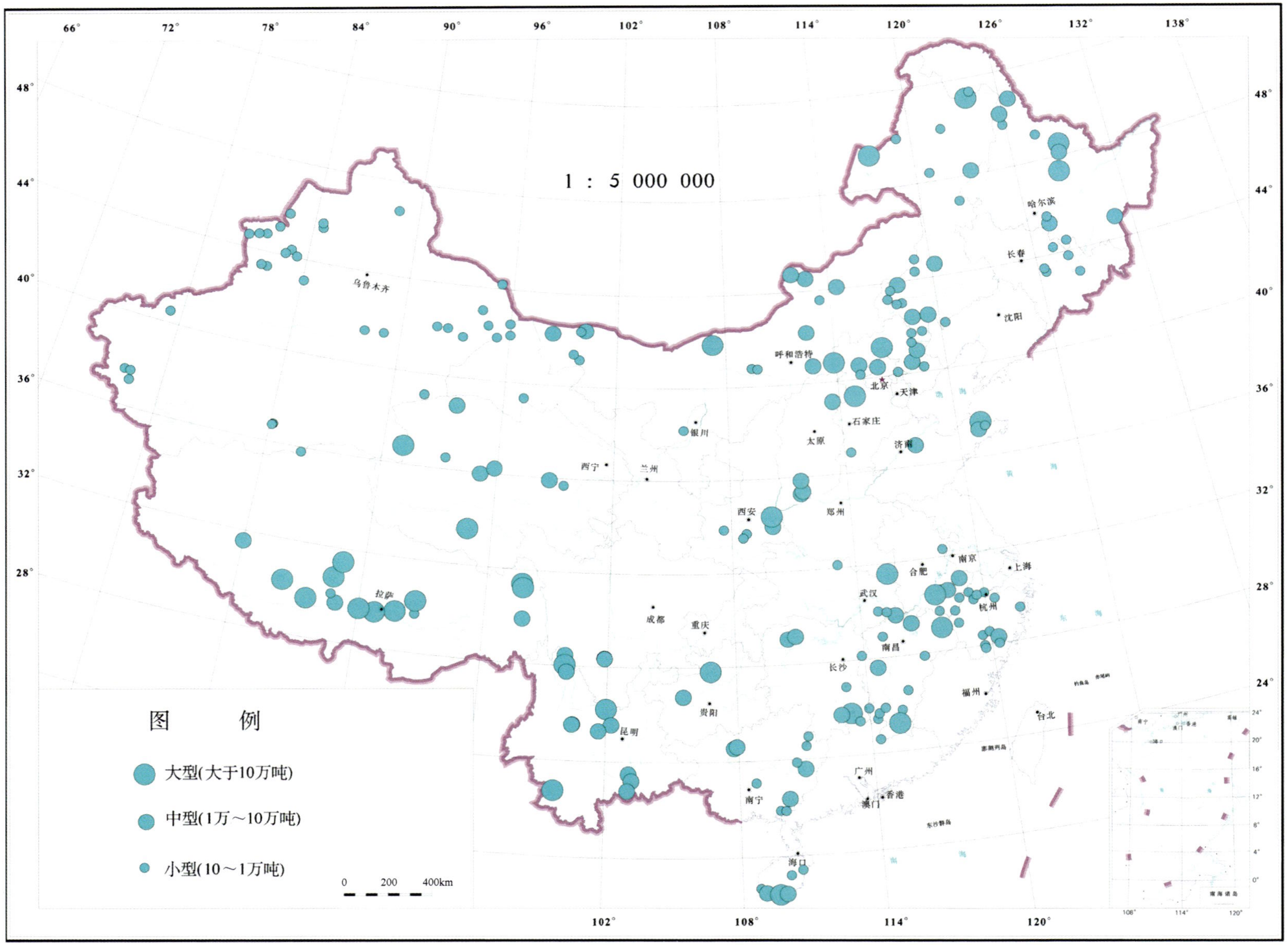

附图 1-2　全国主要钼矿床分布图

第二章　辽宁省钼矿资源潜力评价与选区研究

一、概述

辽宁省钼矿主要分布于辽西八家子—杨家杖子一带，以及辽西喀左县肖家营子、辽东万宝、二棚甸子、东北沟、穷棒子沟等地，主要矿床类型为接触交代型、矽卡岩型、斑岩型和侵入岩浆型4种类型。

辽宁省钼矿总资源量为168.08万吨，其中累计查明钼资源储量18.58万吨，预测钼资源量149.50万吨。预测钼资源量中，按不同预测深度分类统计：500米以浅钼资源量89.29万吨，1000米以浅钼资源量144.36万吨，2000米以浅钼资源量149.50万吨；按不同地质可靠程度分类统计：334-1钼资源量40.10万吨，334-2钼资源量109.40万吨，334-3钼资源量0吨；目前经济技术条件下，预测的钼矿资源量49.50万吨，均可利用。

辽宁省钼矿预测工作，全省累计圈定了36个1级预测区和20个2级预测区。

二、累计查明资源储量

截至2012年底，辽宁省钼累计查明资源储量18.58万吨，预测钼资源量149.50万吨。

三、不同预测深度预测资源量

辽宁省钼矿预测资源量按深度分类统计如下：500米以浅钼资源量89.29万吨，1000米以浅钼资源量144.36万吨，2000米以浅钼资源量149.50万吨（见图2-1）。

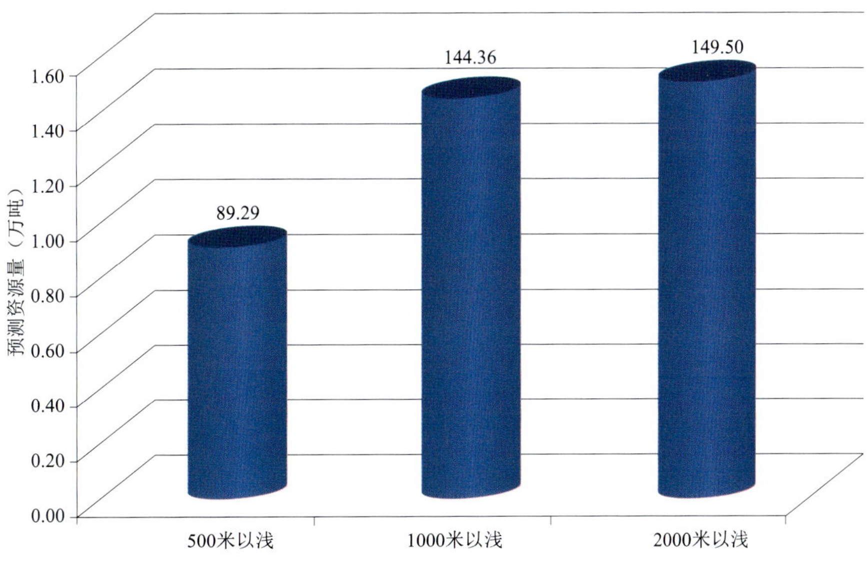

图2-1　辽宁省钼矿不同预测深度预测资源量对比图

四、不同地质可靠程度预测资源量

辽宁省钼矿预测资源量按地质可靠程度分类统计如下：334-1 钼资源量 40. 10 万吨，334-2 钼资源量 109. 40 万吨，334-3 钼资源量 0 吨（见图 2-2）。

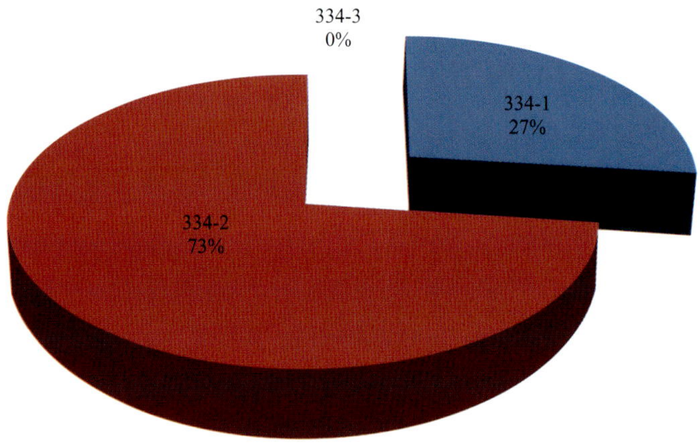

图 2-2　辽宁省钼矿不同地质可靠程度预测资源量比例图

五、不同利用程度预测资源量

辽宁省钼矿预测资源量按地质可靠程度分类统计如下：目前经济技术条件下，预测的钼矿资源量 49. 50 万吨，均可利用（见图 2-3）。

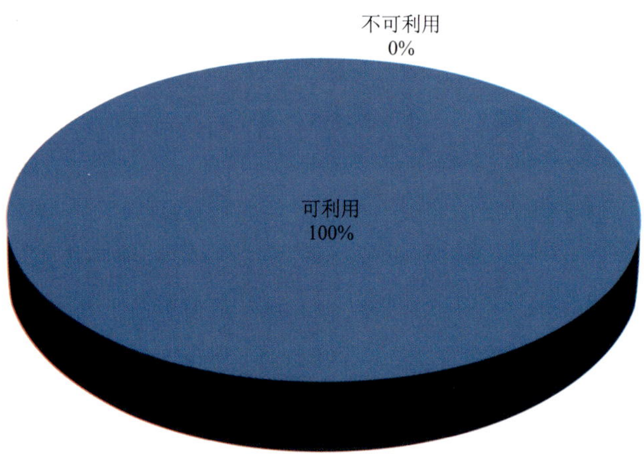

图 2-3　辽宁省钼矿不同利用程度预测资源量比例图

六、2 级预测区简述

辽宁省钼矿归并的 2 级预测区中，大于 10 万吨的有 4 个，3 万～10 万吨的 6 个，1 万～3 万吨 0 个，小于 1 万吨的 10 个；大于 10 万吨的钼矿预测区主要分布在辽西八家子—杨家杖子一带（见附图 2-1、附图 2-2、附表 2-1）。

附表 2-1　辽宁省钼矿 2 级预测区一览表

序号	2 级预测区名称	A 类 1 级预测区名称	累计查明资源储量（金属量，万吨）	预测资源量（金属量，万吨）		
				500 米以浅	1000 米以浅	2000 米以浅
1	兴城市清水—候屯			48.47	67.85	67.85
2	葫芦岛市杨家杖子—兰家沟	锦西杨家杖子—磨盘山、葫芦岛市钢屯—兰家沟	57.16		18.06	22.45
3	建昌县清水寺—炉沟			9.83	13.76	13.76
4	葫芦岛市姜家屯—才家沟			8.21	11.50	11.50
5	葫芦岛市笊篱头子			5.74	8.03	8.03
6	建平县深井—小坤兑			5.48	7.68	7.68
7	建平县水塘—肖家营子		10.52	0.58	5.29	6.04
8	建平县于沟			2.57	3.59	3.59
9	桓仁二棚甸子—穷棒子沟		1.97	3.46	3.46	3.46
10	宽甸满族自治县万宝		1.76	3.08	3.08	3.08
11	宽甸满族自治县四平街		0.23	0.43	0.43	0.43
12	抚顺县后安—大北沟			0.36	0.36	0.36
13	桓仁满族自治县大干沟—小北沟			0.34	0.34	0.34
14	新宾满族自治县东韩家—东山堡		0.36	0.10	0.28	0.28
15	本溪满族自治县关门砬—桦树排			0.21	0.21	0.21
16	本溪市黄柏峪			0.15	0.15	0.15
17	本溪满族自治县五道沟			0.13	0.13	0.13
18	本溪满族自治县大牛沟—小错草沟			0.06	0.06	0.06
19	桓仁满族自治县小同帮沟			0.06	0.06	0.06
20	宽甸满族自治县大北沟			0.04	0.04	0.04

注：按 2000 米以浅预测资源量大小排序，3 万吨以上在附图 2-1 上标明。

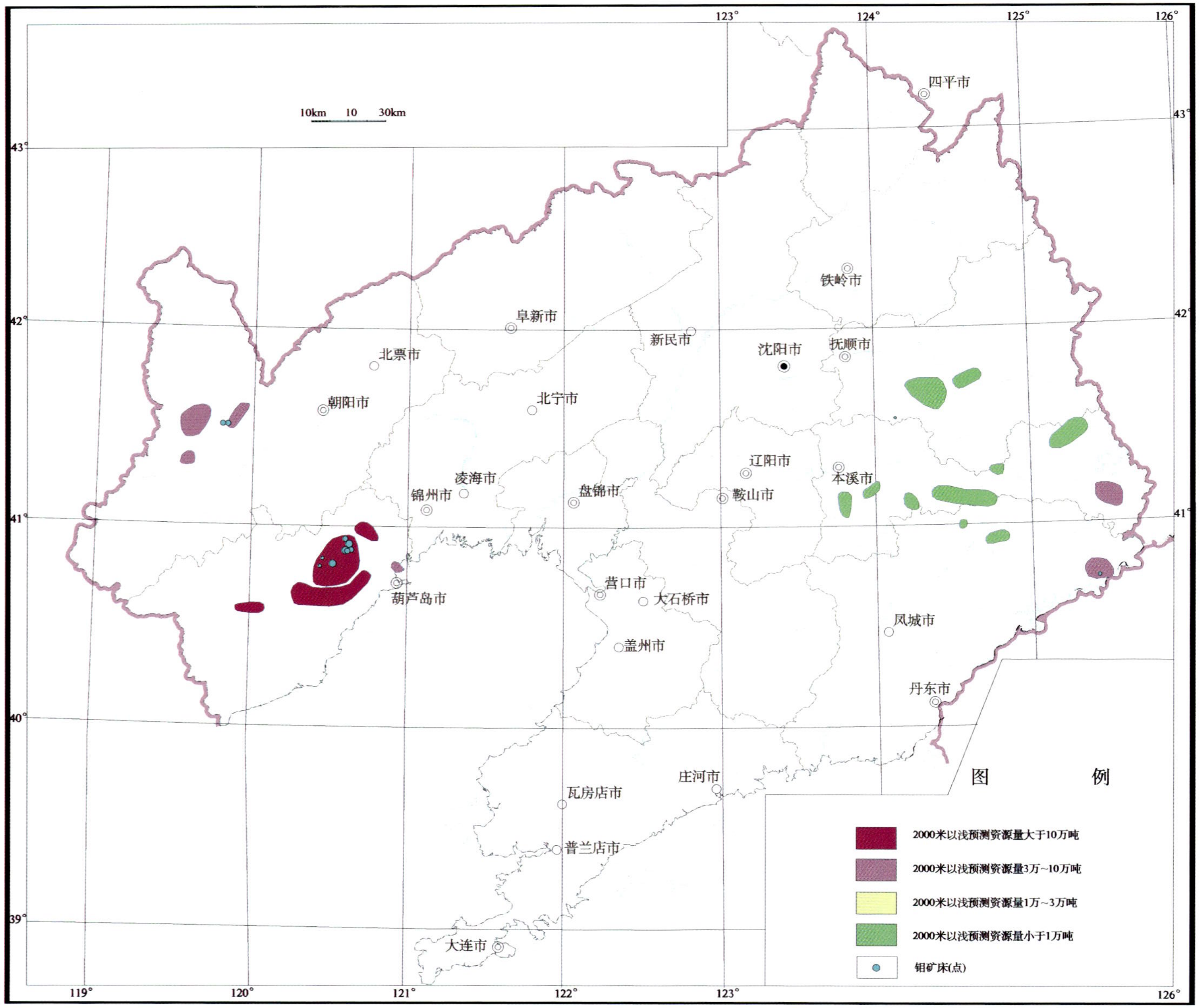

附图 2-1 辽宁省钼矿 2 级预测区分布图

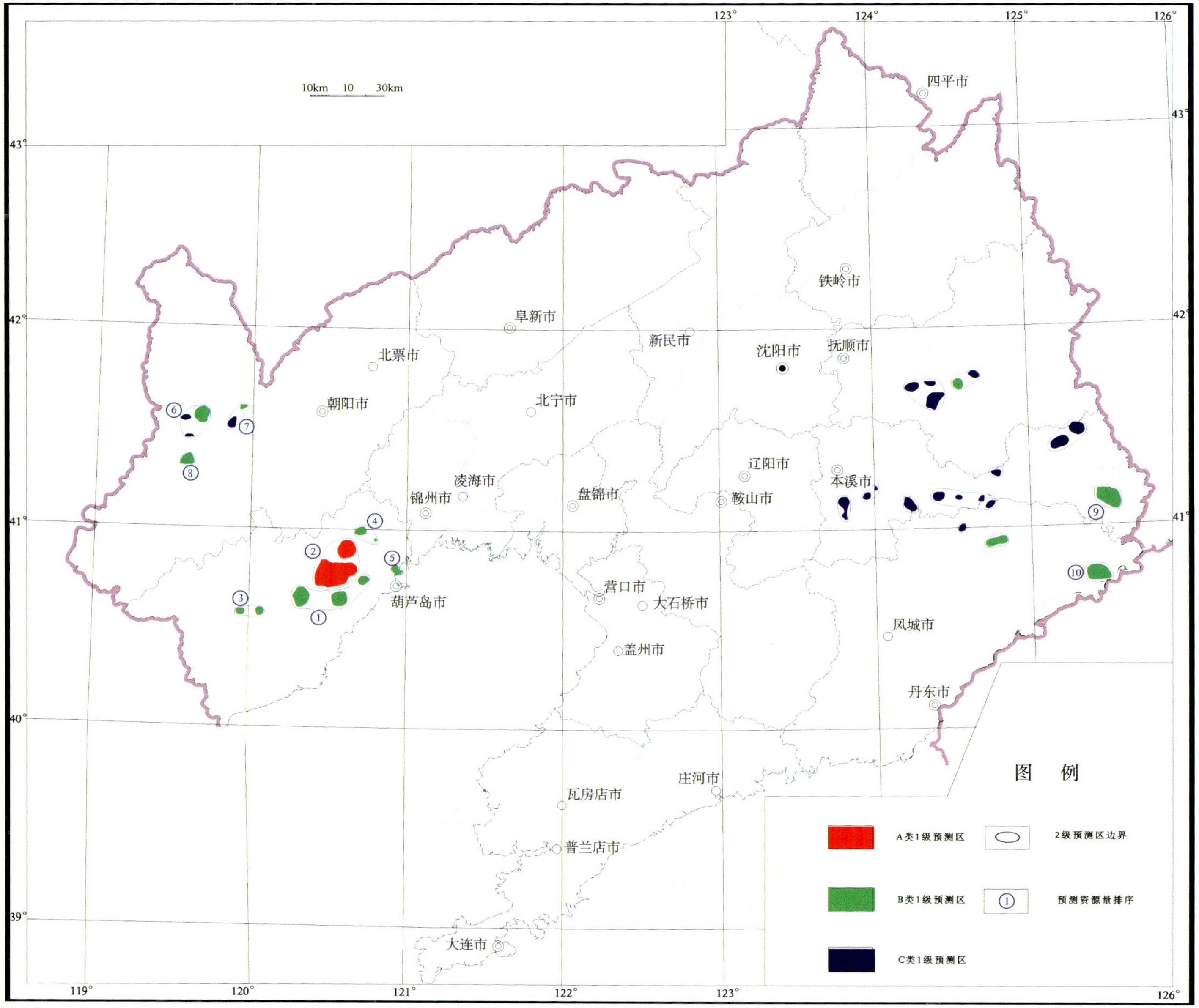

附图 2-2 辽宁省钼矿省级预测成果分布图

第三章　吉林省钼矿资源潜力评价与选区研究

一、概述

吉林省钼矿主要分布于吉中—延边中生代造山带上，主要矿床类型为斑岩型，占98%，另有少量矽卡岩型和石英脉型。

吉林省钼矿总资源量为900.27万吨，其中累计查明钼资源储量236.06万吨，预测钼资源量664.21万吨。预测钼资源量中，按不同预测深度分类统计：500米以浅钼资源量243.74万吨，1000米以浅钼资源量664.21万吨，2000米以浅钼资源量664.21万吨；按不同地质可靠程度分类统计：334-1钼资源量467.17万吨，334-2钼资源量197.04万吨，334-3钼资源量0吨；目前经济技术条件下，预测的钼资源量664.21万吨，均可利用。

吉林省钼矿预测工作，全省累计圈定了25个1级预测区和7个2级预测区。

二、累计查明资源储量

截至2012年底，吉林省钼累计查明资源储量236.06万吨，预测钼资源量664.21万吨。

三、不同预测深度预测资源量

吉林省钼矿预测资源量按深度分类统计如下：500米以浅钼资源量243.74万吨，1000米以浅钼资源量664.21万吨，2000米以浅钼资源量664.21万吨（见图3-1）。

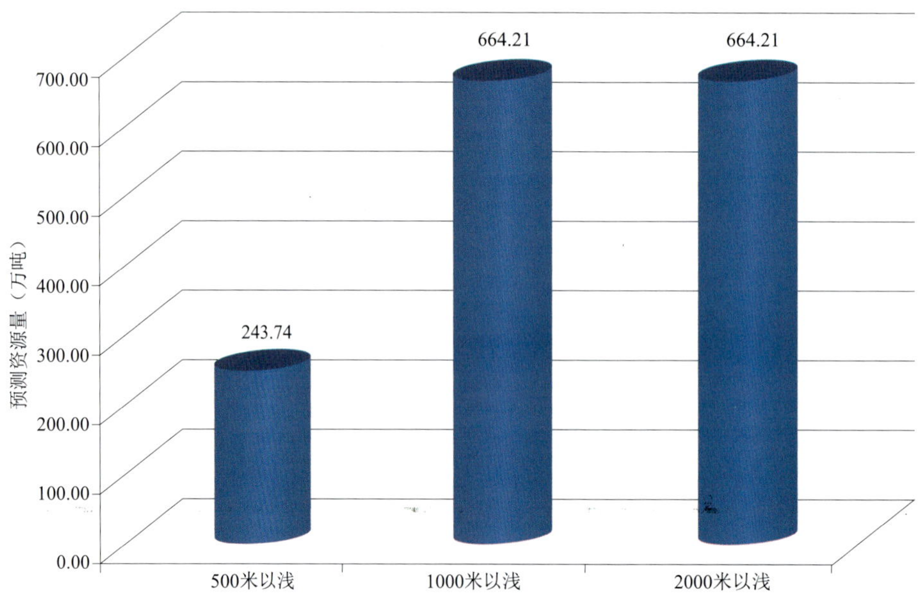

图3-1　吉林省钼矿不同预测深度预测资源量对比图

四、不同地质可靠程度预测资源量

吉林省钼矿预测资源量按地质可靠程度分类统计如下：334-1 钼资源量 467.17 万吨，334-2 钼资源量 197.04 万吨，334-3 钼资源量 0 吨（见图 3-2）。

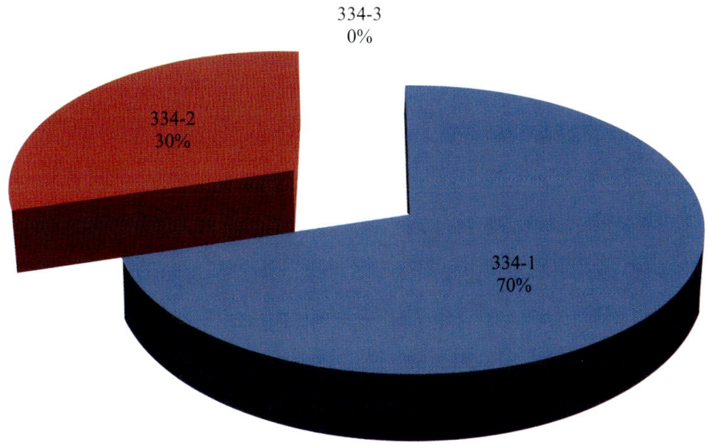

图 3-2　吉林省钼矿不同地质可靠程度预测资源量比例图

五、不同利用程度预测资源量

吉林省钼矿预测资源量按地质可靠程度分类统计如下：目前经济技术条件下，预测的钼资源量 664.21 万吨，均可利用（见图 3-3）。

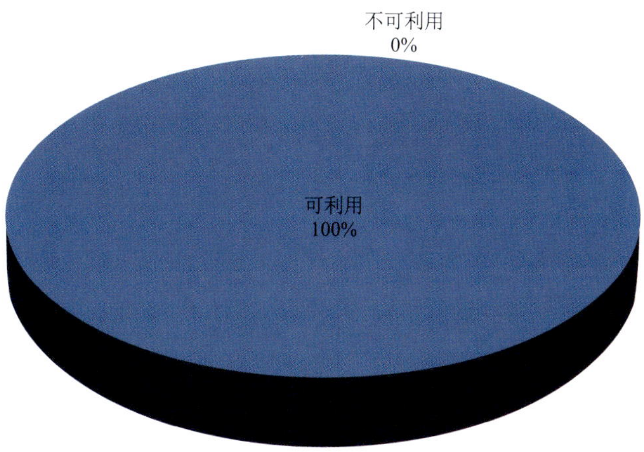

图 3-3　吉林省钼矿不同利用程度预测资源量比例图

六、2 级预测区简述

吉林省钼矿归并的 2 级预测区中，大于 30 万吨的 3 个，10 万~30 万吨 0 个，3 万~10 万吨 3 个，小于 3 万吨的 1 个；大于 30 万吨的钼矿预测区主要分布在吉中地区的南楼山辽源火山—盆地群和在延边地区太平岭—英额岭火山—盆地区（见附图 3-1、附图 3-2、附表 3-1）。

附表 3-1　吉林省钼矿 2 级预测区一览表

序号	2 级预测区名称	A 类 1 级预测区名称	累计查明资源储量（金属量，万吨）	预测资源量（金属量，万吨）		
				500 米以浅	1000 米以浅	2000 米以浅
1	季德屯—福安堡	舒兰季德屯	161.55	153.28	453.40	
2	大石河—尔站	敦化大石河	25.24	6.85	158.65	
3	前撮落—火龙岭	永吉大黑山、桦甸四方甸子	10.04	10.79	31.61	
4	西苇		3.61	5.00	9.11	
5	刘生店—天宝山	安图刘生店、龙井天宝山、东风北山	0.00	3.30	6.60	
6	天合兴	靖宇天合兴	0.16	2.68	4.38	
7	六道沟—八道沟	临江铜山	0.10	0.18	0.46	

注：按 2000 米以浅预测资源量大小排序，在附图 3-1 上标明。

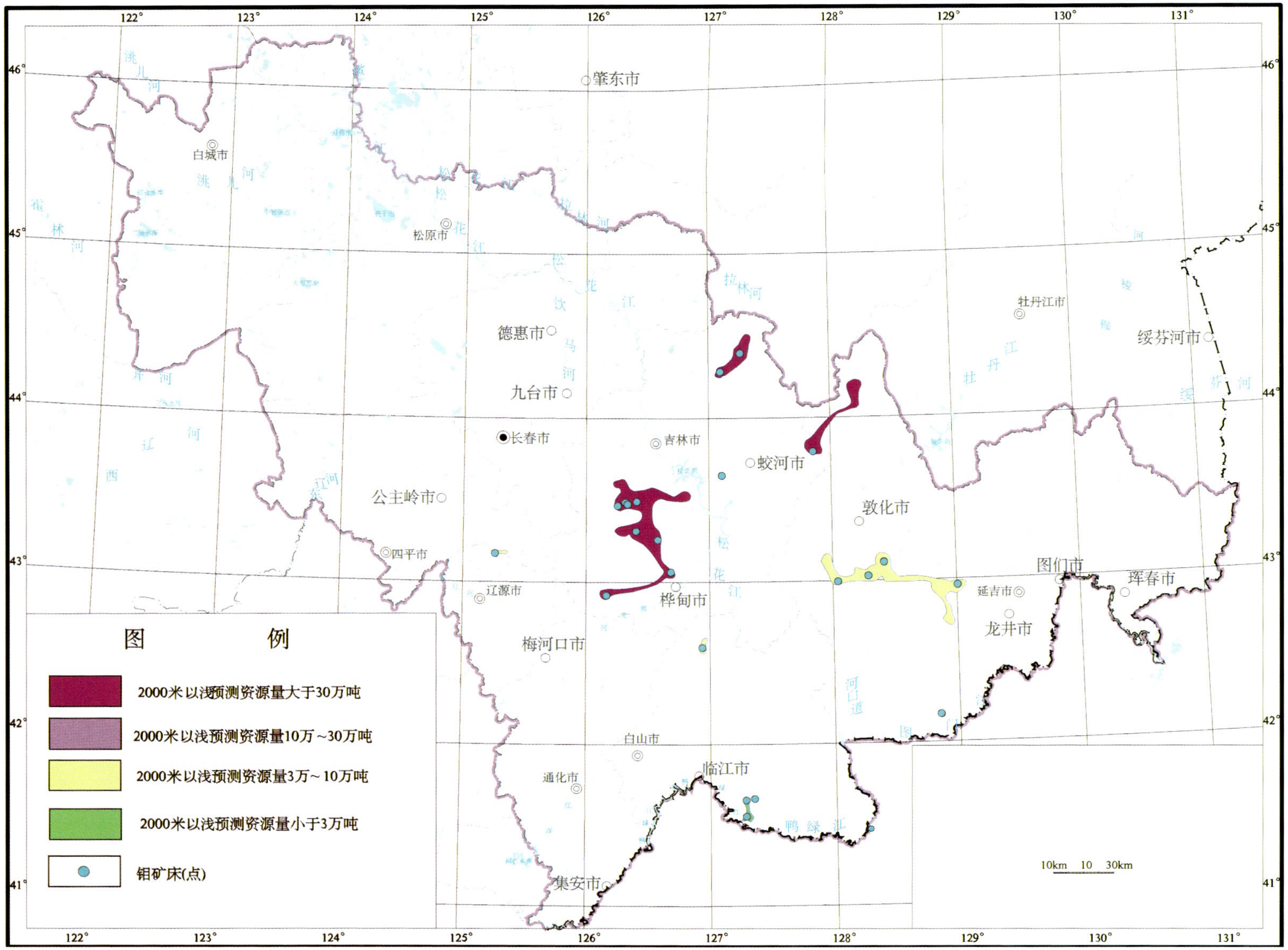

附图 3-1　吉林省钼矿 2 级预测区分布图

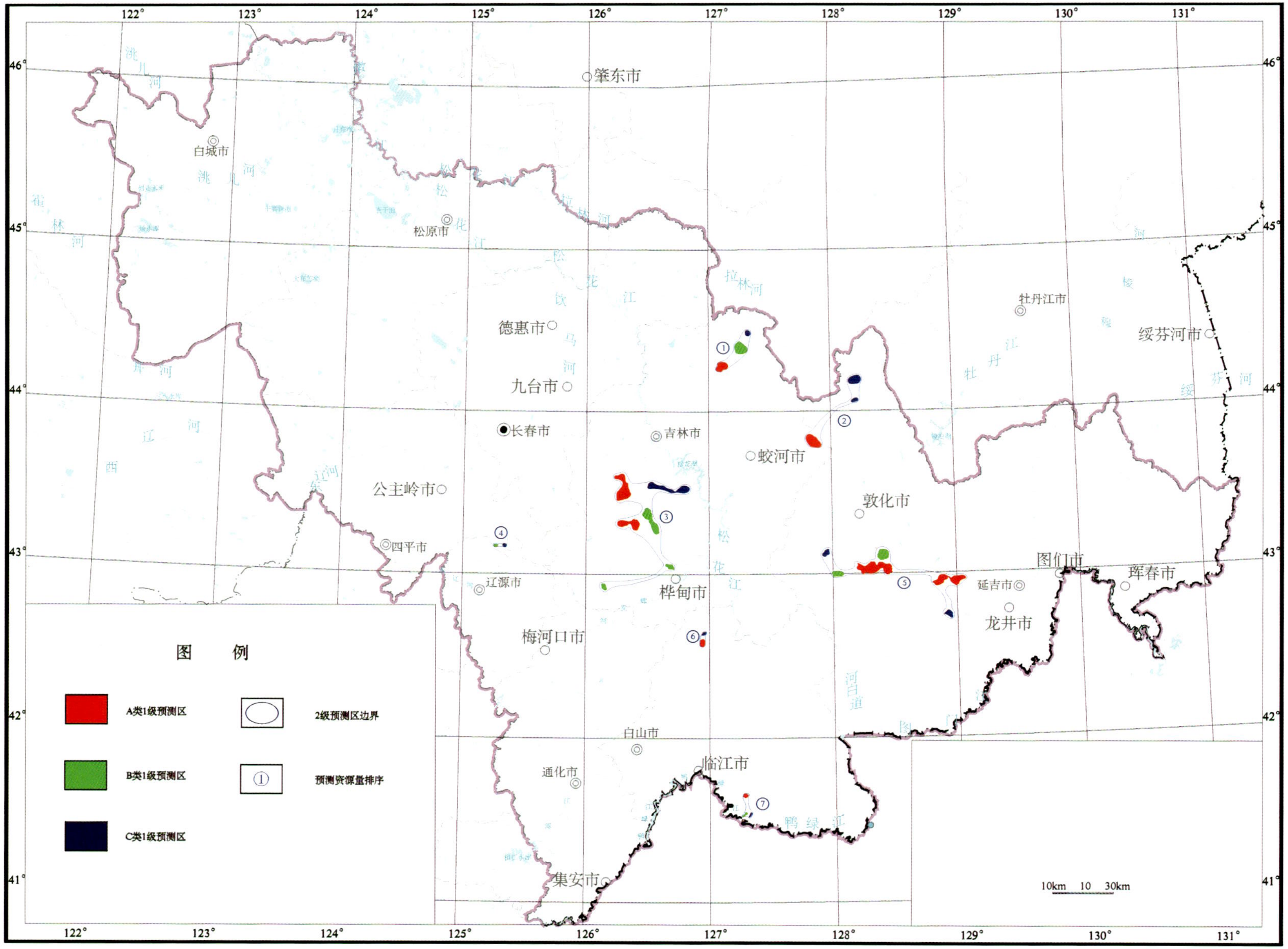

附图 3-2 吉林省钼矿省级预测成果分布图

第四章　黑龙江省钼矿资源潜力评价与选区研究

一、概述

黑龙江省钼矿主要分布在大小兴安岭—张广才岭成矿带，其次分布在多宝山—黑河成矿带及额尔古纳成矿带，在佳木斯—兴凯成矿带有少量分布，主要矿床类型为斑岩型、矽卡岩型、火山热液型和热液脉型4种类型。

黑龙江省钼矿总资源量为1419.35万吨，其中累计查明钼资源储量109.88万吨，预测钼资源量1309.47万吨。预测钼资源量中，按不同预测深度分类统计：500米以浅钼资源量543.09万吨，1000米以浅钼资源量1084.43万吨，2000米以浅钼资源量1309.47万吨；按不同地质可靠程度分类统计：334-1钼资源量115.73万吨，334-2钼资源量0吨，334-3钼资源量1193.73万吨；目前经济技术条件下，预测的钼1309.47万吨，均可利用。

黑龙江省钼矿预测工作，全省累计圈定了217个1级预测区和39个2级预测区。

二、累计查明资源储量

截至2012年底，黑龙江省钼累计查明资源储量109.88万吨，预测钼资源量1309.47万吨。

三、不同预测深度预测资源量

黑龙江省钼矿预测资源量按深度分类统计如下：500米以浅钼资源量543.09万吨，1000米以浅钼资源量1084.43万吨，2000米以浅钼资源量1309.47万吨（见图4-1）。

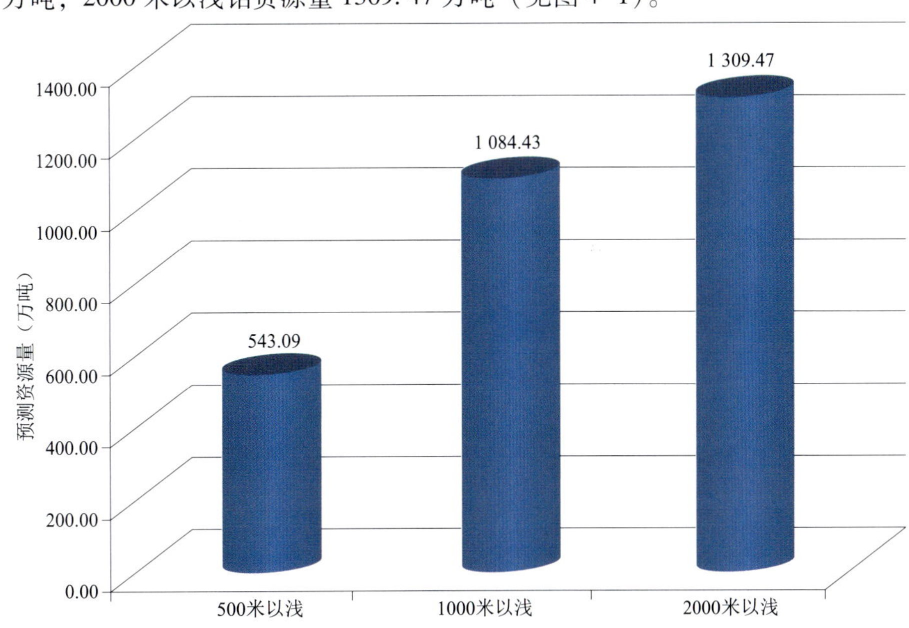

图4-1　黑龙江省钼矿不同预测深度预测资源量对比图

四、不同地质可靠程度预测资源量

黑龙江省钼矿预测资源量按地质可靠程度分类统计如下：334-1 钼资源量 115.73 万吨，334-2 钼资源量 0 吨，334-3 钼资源量 1193.73 万吨（见图 4-2）。

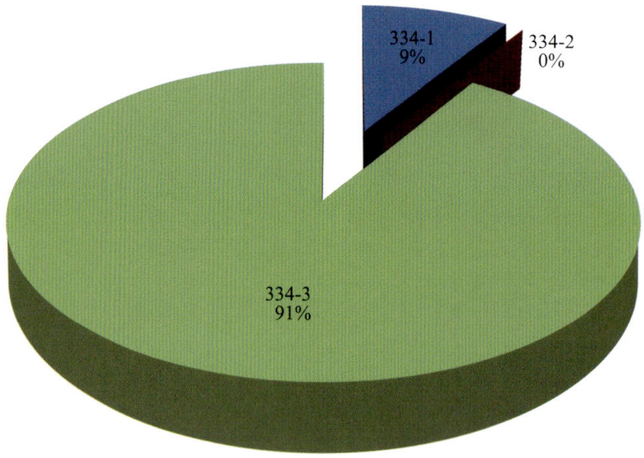

图 4-2 黑龙江省钼矿不同地质可靠程度预测资源量比例图

五、不同利用程度预测资源量

黑龙江省钼矿预测资源量按地质可靠程度分类统计如下：目前经济技术条件下，预测的钼 1309.47 万吨，均可利用（见图 4-3）。

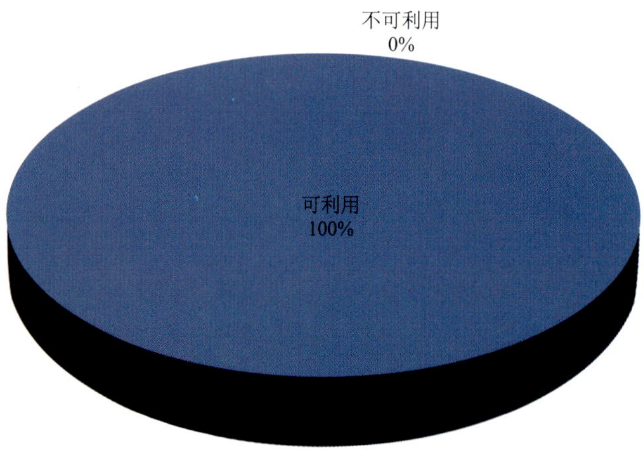

图 4-3 黑龙江省钼矿不同利用程度预测资源量比例图

六、2 级预测区简述

黑龙江省钼矿归并的 2 级预测区中，大于 50 万吨的 9 个，10 万~50 万吨 14 个，1 万~10 万吨 13 个，小于 1 万吨的 3 个；大于 50 万吨的钼矿预测区主要分布在小兴安岭—张广才岭及多宝山—黑河成矿带（见附图 4-1、附图 4-2、附表 4-1）。

附表 4-1　黑龙江省钼矿 2 级预测区一览表

序号	2 级预测区名称	A 类 1 级预测区名称	累计查明资源储量（金属量，万吨）	预测资源量（金属量，万吨）		
				500 米以浅	1000 米以浅	2000 米以浅
1	黑河市乌里亚东山		0.00	105.97	211.95	212.37
2	大兴安岭地区呼中区白卡鲁山		0.00	36.48	72.96	145.91
3	铁力市鹿鸣	鹿鸣、徐老九沟、二股	80.52	68.53	137.05	137.55
4	大兴安岭地区呼中区呼源		0.01	21.13	42.25	84.51
5	逊克县翠宏山	翠宏山、霍吉河	36.39	29.09	58.18	58.30
6	尚志市一面坡		0.00	28.94	57.87	58.06
7	大兴安岭地区新林区塔尔根		0.00	13.79	27.57	55.15
8	呼玛县望云山		0.00	13.76	27.51	55.03
9	伊春市神树		0.00	26.66	52.78	52.93
10	绥芬河市绥阳		0.00	24.35	48.69	49.83
11	塔河县瓦拉干		0.00	10.95	21.91	43.82
12	伊春市大平岗		0.00	19.93	39.85	39.93
13	黑河市石金河		0.00	19.52	39.04	39.12
14	阿城市五道岭	五道岭、白岭、秋皮沟、苏家围子	4.47	18.32	35.41	35.42
15	伊春市老白山		0.00	14.93	29.86	30.15
16	鸡西市哈达		0.00	13.49	26.99	27.04
17	漠河县图强		0.00	6.35	12.71	25.41
18	伊春市浩良河		0.00	10.69	21.38	21.53
19	海林市老牛山		0.00	8.91	17.83	19.51
20	黑河市公别拉		0.00	8.09	16.19	17.17
21	伊春市查山林场	查山林场	3.00	6.75	13.51	13.55
22	嫩江县多宝山		9.96	2.70	5.41	10.75
23	鸡东县四山林场	四山林场	1.33	5.18	10.36	10.64
24	漠河县老槽河		0.00	2.40	4.81	9.61
25	五常市向阳		0.01	3.84	7.68	7.81
26	宁安市尔站		0.00	2.93	5.85	6.43
27	逊克县克林河		0.00	3.10	6.21	6.22
28	黑河市滨南林场	滨南林场	3.00	2.98	5.96	5.97
29	东宁县万宝站西山		0.00	2.75	5.49	5.50
30	宁安市太古顶子		0.00	2.24	4.48	4.49
31	饶河县四邦山		0.00	1.10	2.20	3.93
32	逊克县茅宝沟	茅宝沟	0.03	1.89	3.77	3.84
33	伊春市朗乡		0.00	1.76	3.53	3.59
34	方正县错草顶子		0.00	1.60	3.20	3.44
35	宝清县老龙背		0.00	0.97	1.94	2.10
36	嘉荫县大清顶		0.00	0.60	1.20	1.34
37	龙江县后六九		0.00	0.26	0.51	0.91
38	密山市蜜蜂山		0.00	0.93	0.19	0.33
39	嫩江县野猪沟		0.05	0.08	0.15	0.28

注：按 2000 米以浅预测资源量大小排序，10 万吨以上在附图 4-1 上标明。

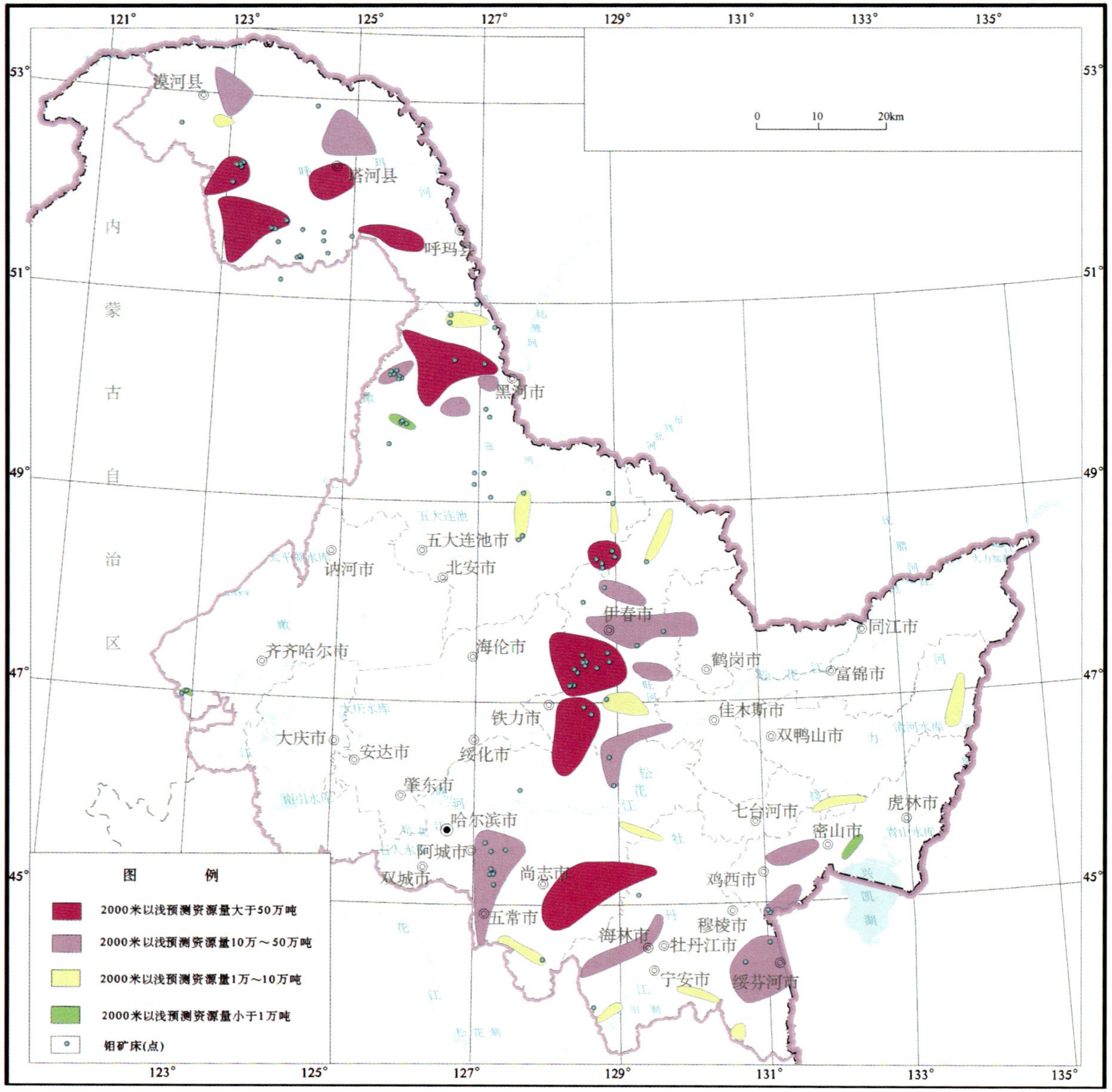

附图 4-1 黑龙江省钼矿 2 级预测区分布图

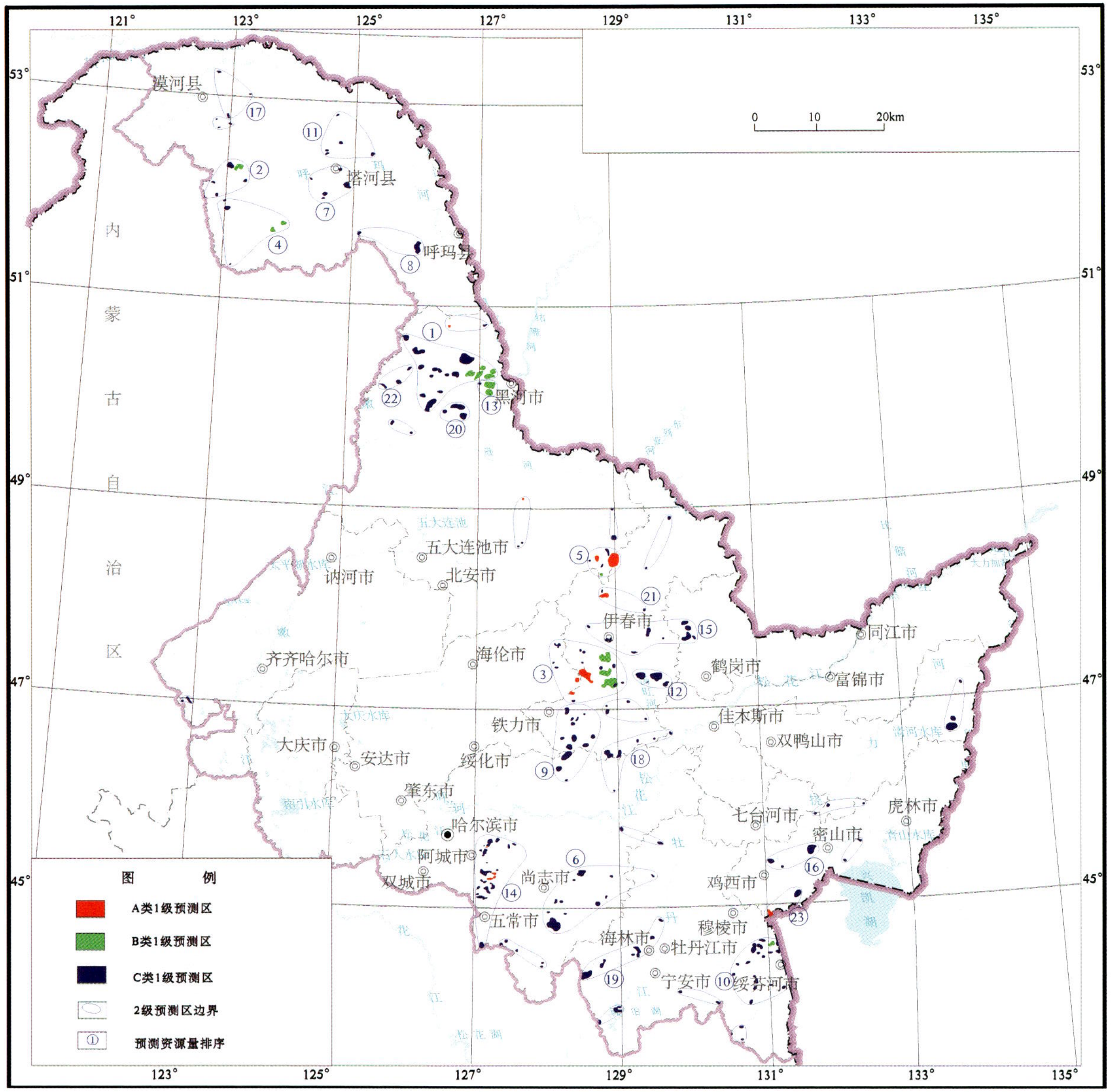

附图 4-2　黑龙江省钼矿省级预测成果分布图

第五章　北京市钼矿资源潜力评价与选区研究

一、概述

北京市钼矿主要分布于延庆董家沟、大庄科、东三岔及怀柔石湖峪等地，主要矿床类型为岩浆角砾岩型、热液型和接触交代型 3 种类型。

北京市钼矿总资源量为 29.84 万吨，其中累计查明钼资源储量 7.31 万吨，预测钼资源量 22.53 万吨。预测钼资源量中，按不同预测深度分类统计：500 米以浅钼资源量 22.53 万吨，1000 米以浅钼资源量 22.53 万吨，2000 米以浅钼资源量 22.53 万吨；按不同地质可靠程度分类统计：334-1 钼资源量 15.71 万吨，334-2 钼资源量 1.52 万吨，334-3 钼资源量 5.29 万吨；目前经济技术条件下，可利用的钼资源量 6.19 万吨。

北京市钼矿预测工作，全市累计圈定了 12 个 1 级预测区和 6 个 2 级预测区。

二、累计查明资源储量

截至 2012 年底，北京市钼累计查明资源储量 7.31 万吨，预测钼资源量 22.53 万吨。

三、不同预测深度预测资源量

北京市钼矿预测资源量按深度分类统计如下：500 米以浅钼资源量 22.53 万吨，1000 米以浅钼资源量 22.53 万吨，2000 米以浅钼资源量 22.53 万吨（见图 5-1）。

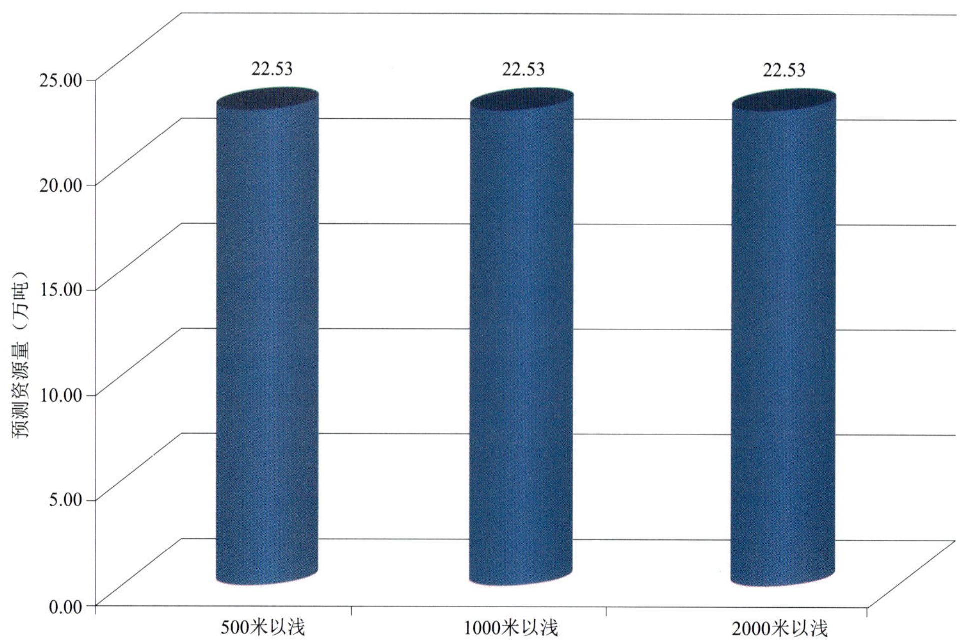

图 5-1　北京市钼矿不同预测深度预测资源量对比图

四、不同地质可靠程度预测资源量

北京市钼矿预测资源量按地质可靠程度分类统计如下：334-1 钼资源量 15.71 万吨，334-2 钼资源量 1.52 万吨，334-3 钼资源量 5.29 万吨（见图 5-2）。

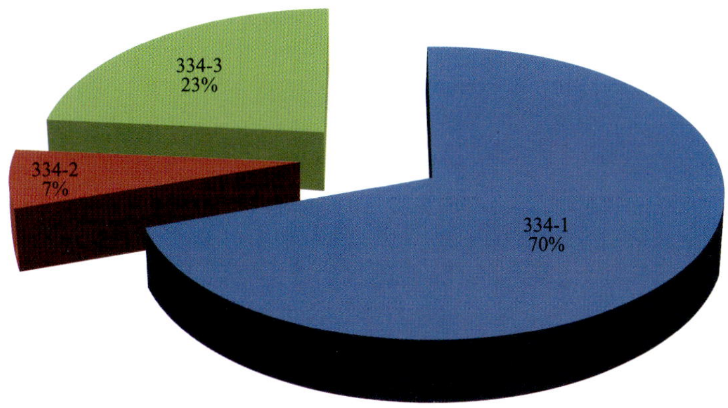

图 5-2　北京市钼矿不同地质可靠程度预测资源量比例图

五、不同利用程度预测资源量

北京市钼矿预测资源量按地质可靠程度分类统计如下：目前经济技术条件下，可利用的钼资源量 6.19 万吨、不可利用 16.33 万吨（见图 5-3）。

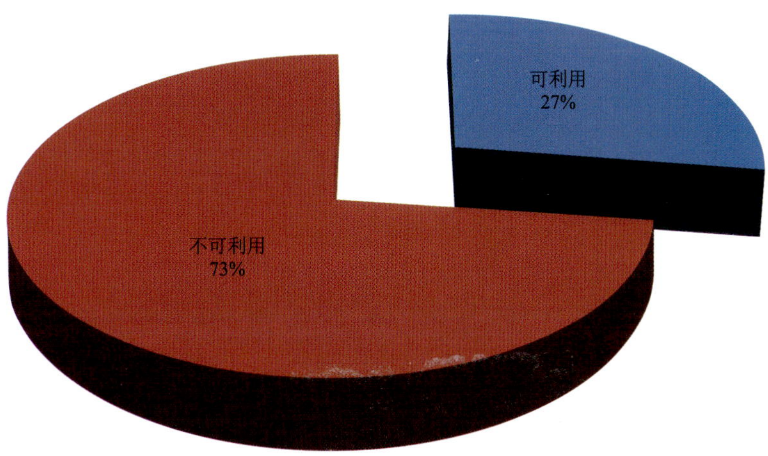

图 5-3　北京市钼矿不同利用程度预测资源量比例图

六、2 级预测区简述

北京市钼矿归并的 2 级预测区中，大于 5 万吨的 1 个，小于 5 万吨的 5 个；大于 5 万吨的钼矿预测区主要分布在延庆董家沟—大庄科—石窑一带地区（见附图 5-1、附图 5-2、附表 5-1）。

附表 5-1 北京市钼矿 2 级预测区一览表

序号	2 级预测区名称	A 类 1 级预测区名称	累计查明资源储量（金属量，万吨）	预测资源量（金属量，万吨）		
				500 米以浅	1000 米以浅	2000 米以浅
1	大庄科—董家沟—瓦庙	大庄科、董家沟、东三岔、石湖峪	7.37	15.88		
2	杨树底下—石窑—洞台村	杨树底下、石窑	0.06	4.18		
3	大羊山			2.19		
4	石塘峪	石塘峪	0.21	0.19		
5	石槽	石槽	0.06	0.06		
6	黄场		0.14	0.02		

注：按 2000 米以浅预测资源量大小排序，在附图 5-1 上标明。

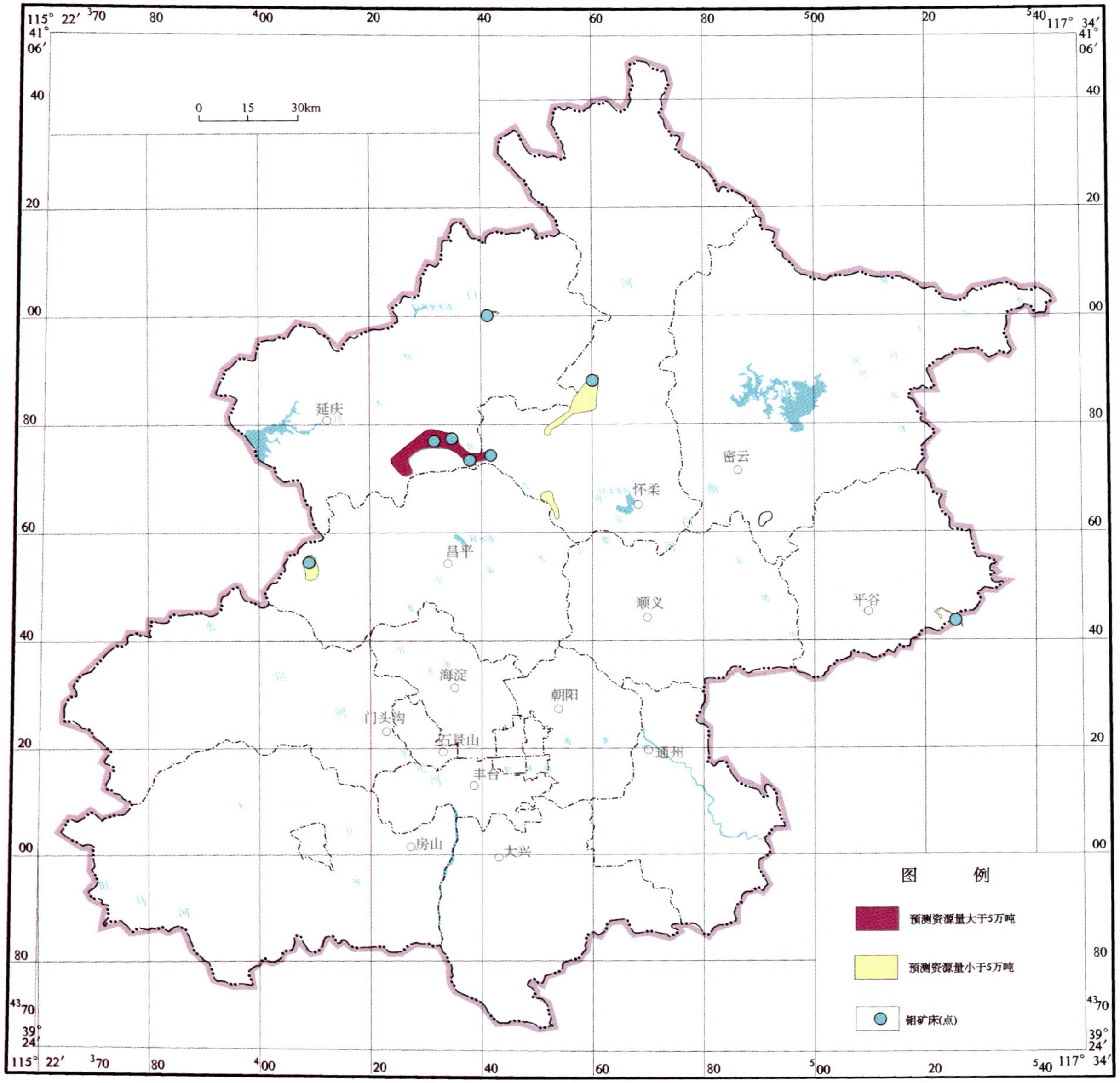

附图 5-1 北京市钼矿 2 级预测区分布图

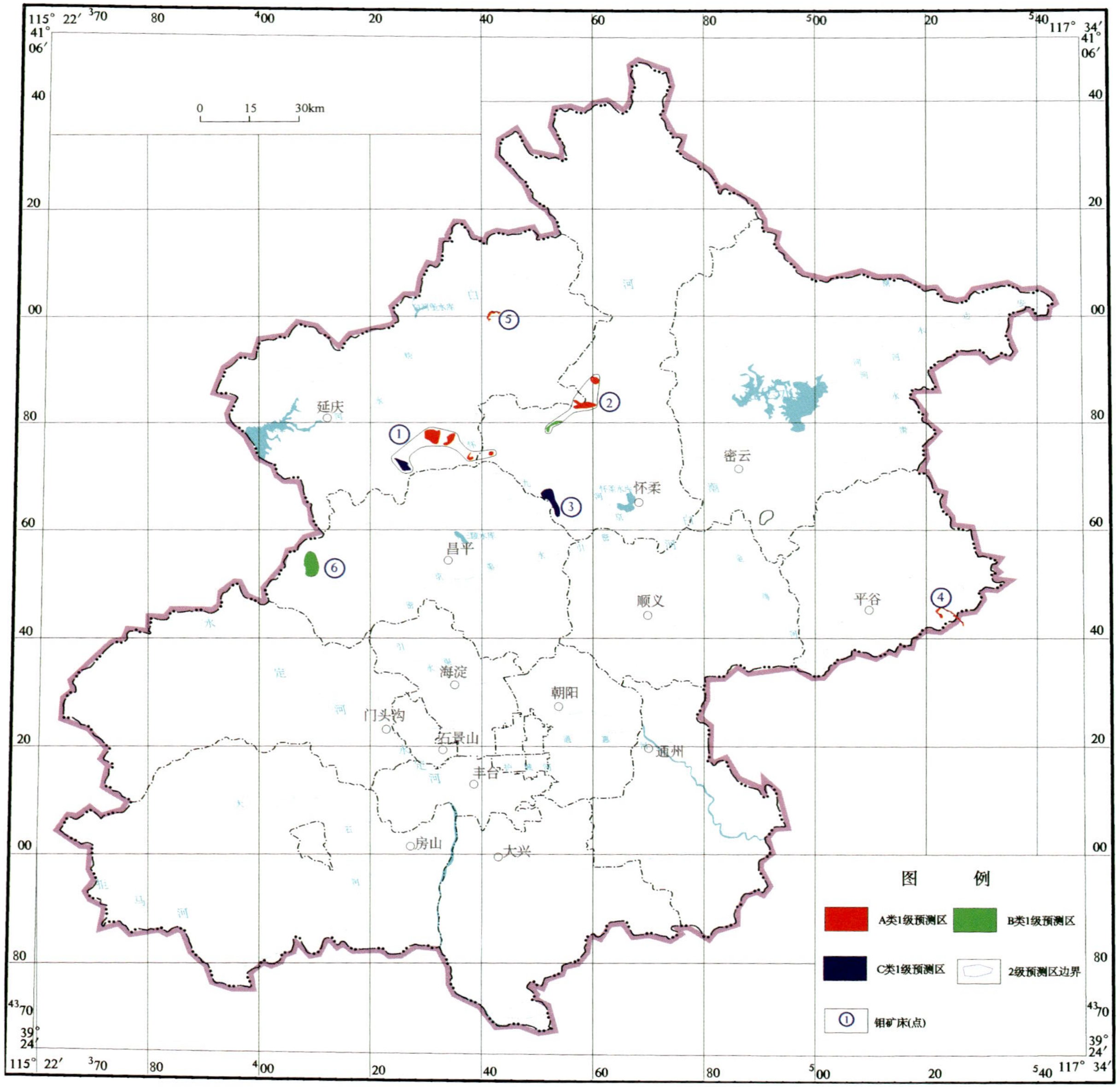

附图 5-2　北京市钼矿预测成果分布图

第六章 天津市钼矿资源潜力评价与选区研究

一、概述

天津市钼矿目前仅有沟河北小型钼矿床一处，为矽卡岩型矿床，另外在石臼硫铁多金属矿，钼作为伴生矿种出现。

天津市钼矿总资源量为0.53万吨，其中累计查明钼资源储量0.19万吨（未上表），预测钼资源量0.34万吨。预测钼资源量中，按不同预测深度分类统计：500米以浅钼资源量0.25万吨，1000米以浅钼资源量0.34万吨，2000米以浅钼资源量0.34万吨；按不同地质可靠程度分类统计：334-1钼资源量0.12万吨，334-2钼资源量0.22万吨，334-3钼资源量0吨；目前经济技术条件下，预测的钼资源量0.34万吨，均可利用。

天津市钼矿预测工作，全市累计圈定了2个1级预测区和2个2级预测区。

二、累计查明资源储量

截至2012年底，天津市钼累计查明资源储量0.19万吨（未上表），预测钼资源量0.34万吨。

三、不同预测深度预测资源量

天津市钼矿预测资源量按深度分类统计如下：500米以浅钼资源量0.25万吨，1000米以浅钼资源量0.34万吨，2000米以浅钼资源量0.34万吨（见图6-1）。

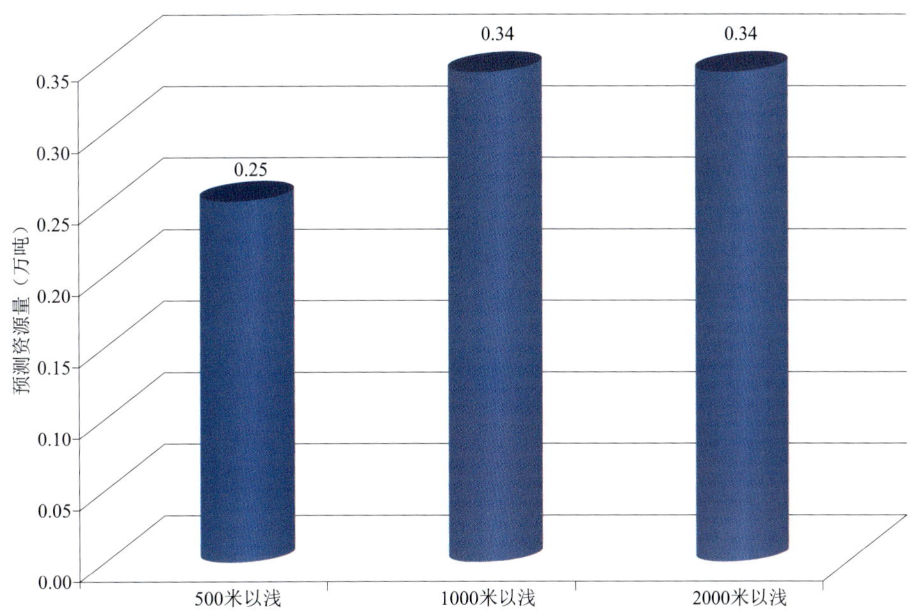

图6-1 天津市钼矿不同预测深度预测资源量对比图

四、不同地质可靠程度预测资源量

天津市钼矿预测资源量按地质可靠程度分类统计如下：334-1 钼资源量 0.12 万吨，334-2 钼资源量 0.22 万吨，334-3 钼资源量 0 吨（见图 6-2）。

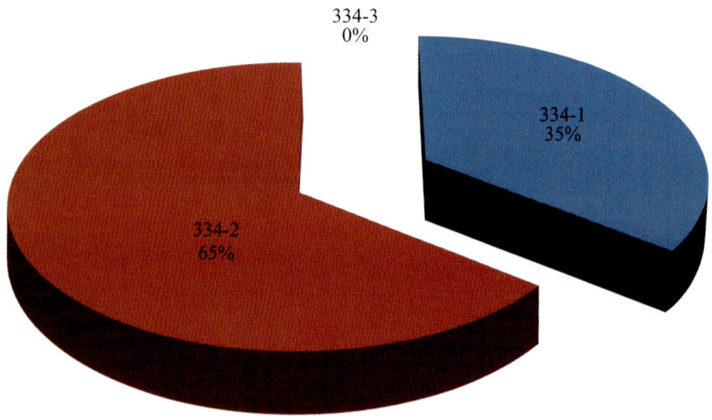

图 6-2　天津市钼矿不同地质可靠程度预测资源量比例图

五、不同利用程度预测资源量

天津市钼矿预测资源量按地质可靠程度分类统计如下：目前经济技术条件下，预测的钼资源量 0.34 万吨，均可利用（见图 6-3）。

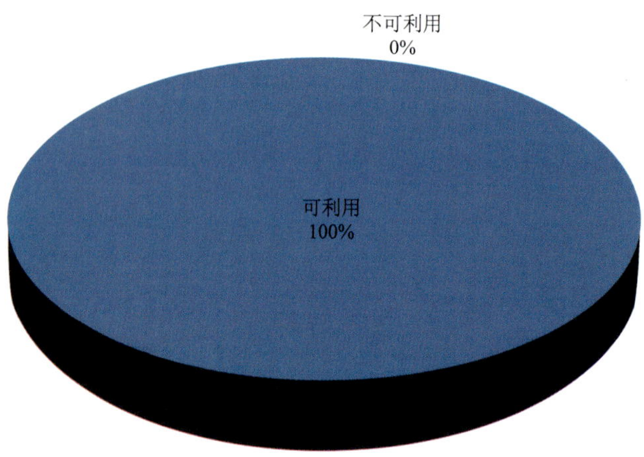

图 6-3　天津市钼矿不同利用程度预测资源量比例图

六、2 级预测区简述

天津市钼矿归并的 2 个 2 级预测区中，均小于 1 万吨，位于蓟县地区（见附图 6-1、附图 6-2、附表 6-1）。

附表 6-1　天津市钼矿 2 级预测区一览表

序号	2 级预测区名称	A 类 1 级预测区名称	累计查明资源储量（金属量，万吨）	预测资源量（金属量，万吨）		
				500 米以浅	1000 米以浅	2000 米以浅
1	石臼	石臼	0.12	0.16	0.22	
2	沟河北	沟河北	0.07	0.09	0.12	

注：按 2000 米以浅预测资源量大小排序，在附图 6-1 上标明。

附图 6-1　天津市钼矿 2 级预测区分布图

附图 6-2 天津市钼矿预测成果分布图

第七章　河南省钼矿资源潜力评价与选区研究

一、概述

河南省钼矿主要分布于华北陆块南缘的卢氏、灵宝、栾川、嵩县、汝阳以及北秦岭造山带和大别山地区，主要矿床类型为岩浆热液型、斑岩型和矽卡岩型3种类型。

河南省钼矿总资源量为2271.78万吨，其中累计查明钼资源储量462.93万吨，预测钼资源量1808.85万吨。预测钼资源量中，按不同预测深度分类统计：500米以浅钼资源量977.66万吨，1000米以浅钼资源量1735.27万吨，2000米以浅钼资源量1808.85万吨；按不同地质可靠程度分类统计：334-1钼资源量202.82万吨，334-2钼资源量964.06万吨，334-3钼资源量641.97万吨；目前经济技术条件下，可利用的钼资源量1735.27万吨。

河南省钼矿预测工作，全省累计圈定了71个1级预测区和56个2级预测区。

二、累计查明资源储量

截至2012年底，河南省钼累计查明资源储量462.93万吨，预测钼资源量1808.85万吨。

三、不同预测深度预测资源量

河南省钼矿预测资源量按深度分类统计如下：500米以浅钼资源量977.66万吨，1000米以浅钼资源量1735.27万吨，2000米以浅钼资源量1808.85万吨（见图7-1）。

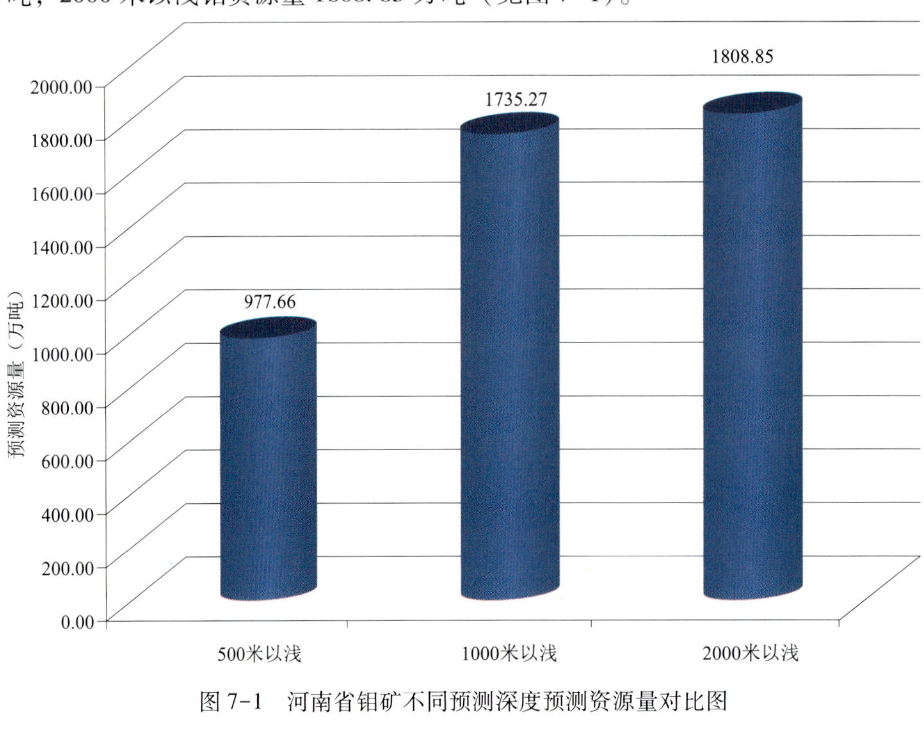

图7-1　河南省钼矿不同预测深度预测资源量对比图

四、不同地质可靠程度预测资源量

河南省钼矿预测资源量按地质可靠程度分类统计如下：334-1 钼资源量 202.82 万吨，334-2 钼资源量 964.06 万吨，334-3 钼资源量 641.97 万吨（见图 7-2）。

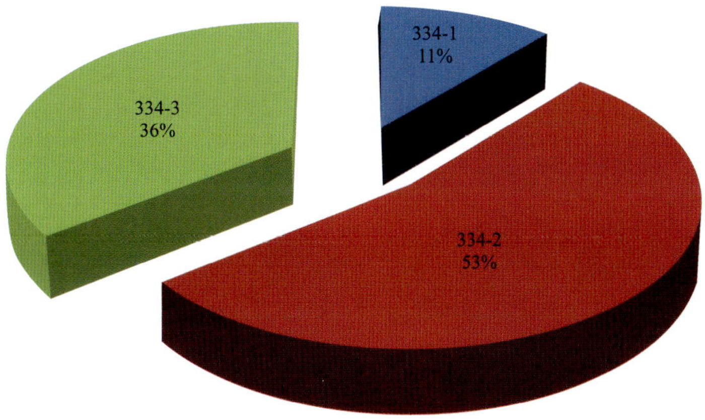

图 7-2　河南省钼矿不同地质可靠程度预测资源量比例图

五、不同利用程度预测资源量

河南省钼矿预测资源量按地质可靠程度分类统计如下：目前经济技术条件下，可利用的钼资源量 1735.27 万吨、不可利用钼 73.57 万吨。（见图 7-3）。

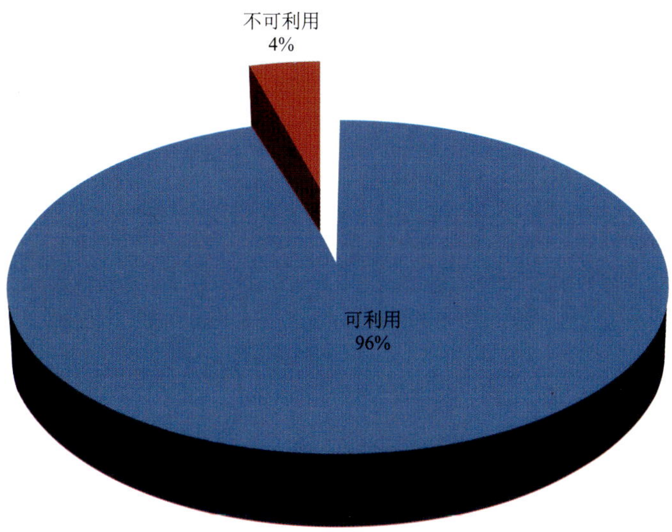

图 7-3　河南省钼矿不同利用程度预测资源量比例图

六、2 级预测区简述

河南省钼矿归并的 2 级预测区中，大于 50 万吨的 13 个，10 万~50 万吨的 19 个，1 万~10 万吨的 13 个，小于 1 万吨的 11 个；大于 10 万吨的钼矿预测区主要分布在豫西、豫南地区（见附图 7-1、附图 7-2、附表 7-1）。

附表 7-1　河南省钼矿 2 级预测区一览表

序号	2 级预测区名称	A 类 1 级预测区名称	累计查明资源储量（金属量，万吨）	预测资源量（金属量，万吨）		
				500 米以浅	1000 米以浅	2000 米以浅
1	鱼库尖—竹园沟	鱼库尖—竹园沟		190.50	380.99	
2	南泥湖—三道庄	南泥湖—三道庄	234.96	2.44	123.48	189.38
3	三道沟—火神庙	三道沟—火神庙		67.66	135.32	
4	黄水庵—大石门沟			52.77	105.54	
5	东湾—西地	东湾—西地		66.29	79.55	
6	鱼池岭—桐木沟	鱼池岭—桐木沟		35.57	71.14	
7	云台山—大银尖	云台山—大银尖		34.65	69.31	
8	老庙林场—新县	老庙林场—新县		32.29	64.57	
9	夜长坪	薛家村—青岗湾	15.39	36.47	58.35	
10	周党镇—薄刀岭	周党镇—薄刀岭		27.17	54.34	
11	西湾—火神庙	樊家沟—王家庄、西湾—火神庙		33.71	53.93	
12	西岭村—朱王岭	西岭村—朱王岭		38.55	46.26	
13	李家寨—孙王寨	李家寨—孙王寨		22.98	45.95	
14	龙山寨—白果树湾	龙山寨—白果树湾		21.36	42.73	
15	卡房—朱冲	卡房—朱冲		18.70	37.41	
16	安沟—黄沙洞	安沟—黄沙洞		30.14	36.17	
17	乌山寨—谭冲	乌山寨—谭冲		15.92	31.85	
18	大王庙—西营	大王庙—西营		23.70	28.44	
19	大村—何家村	大村—何家村		17.18	27.50	
20	葛家沟—茴春沟	葛家沟—茴春沟		22.51	22.51	
21	任凹—大桩沟	任凹—大桩沟		16.81	20.17	
22	辣菜沟—竹园沟	辣菜沟—竹园沟		19.81	19.81	
23	箭河乡—苦竹坳	箭河乡—苦竹坳		9.78	19.56	
24	两河口西	两河口西		17.63		
25	李安堂—上花楼	李安堂—上花楼、朱斐店		15.75		
26	两河口东—太山庙	两河口东—太山庙		14.52		
27	牢山寨北			7.10	14.21	
28	姜中湾—徐家老湾	姜中湾—徐家老湾		12.04		
29	保安寨北			11.32		
30	塘洼—柿子园			9.80		
31	罗家凹—后河			3.99	7.97	
32	千鹅冲—宝安寨		60.94			7.20
33	北沟—小洞沟			4.60	5.53	
34	太山庙—史家庄			4.99		
35	石门沟	黄水庵—大石门沟	1.00	4.43		
36	南泥河—西石门后沟	南泥河—西石门后沟			3.42	
37	双山—曹寺沟水库			1.84		
38	前杨庄—景家庄			1.76		

续表

序号	2级预测区名称	A类1级预测区名称	累计查明资源储量（金属量，万吨）	预测资源量（金属量，万吨）		
				500米以浅	1000米以浅	2000米以浅
39	花树洼—墁岭壕			0.83	1.65	
40	护子村—阴坡根			0.62	1.25	
41	秋树湾		4.84		1.16	
42	乔麦山		0.23	1.10		

注：按2000米以浅预测资源量大小排序，大于1万吨的2级预测区列一览表。其中预测资源量20万吨以上在附图7-1上标明。

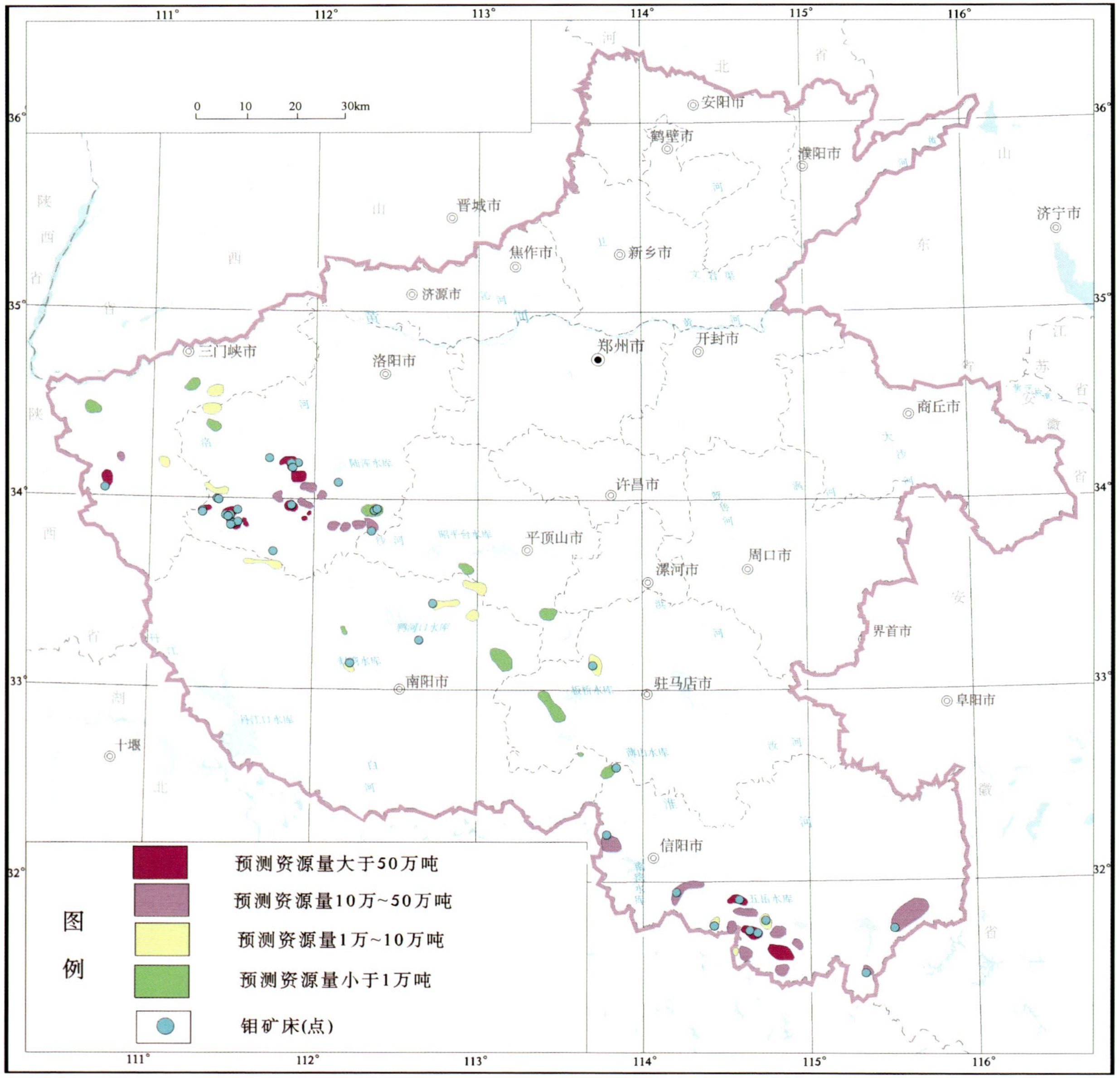

附图 7-1 河南省钼矿 2 级预测区分布图

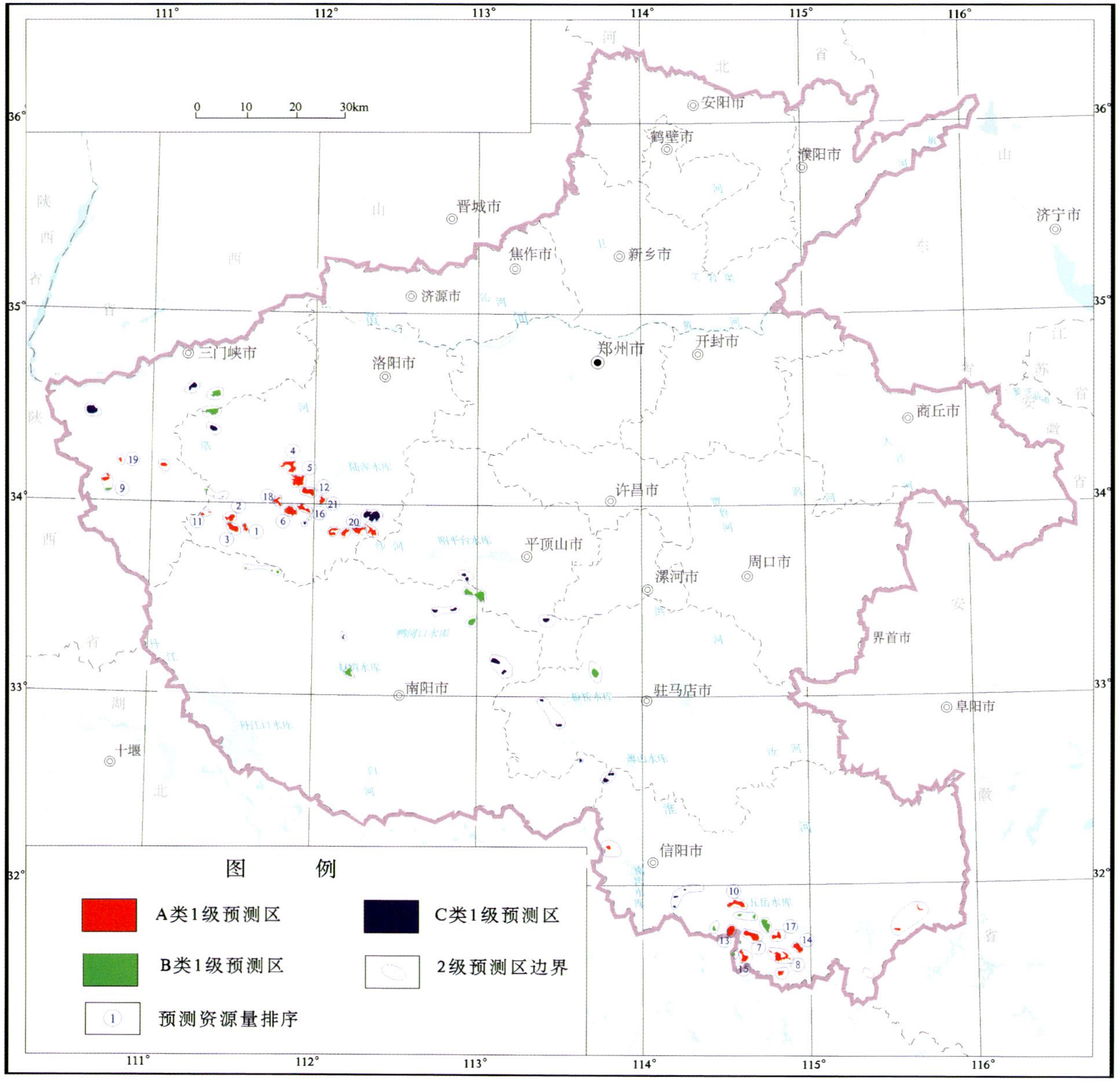

附图 7-2 河南省钼矿省级预测成果分布图

第八章　河北省钼矿资源潜力评价与选区研究

一、概述

河北省钼矿主要分布于承德、保定和张家口等地，主要矿床类型为斑岩型、矽卡岩型和热液型 3 种类型。

河北省钼矿总资源量为 223.79 万吨，其中累计查明钼资源储量 78.53 万吨，预测钼资源量 145.26 万吨。预测钼资源量中，按不同预测深度分类统计：500 米以浅钼资源量 120.02 万吨，1000 米以浅钼资源量 145.26 万吨，2000 米以浅钼资源量 145.26 万吨；按不同地质可靠程度分类统计：334-1 钼资源量 89.81 万吨，334-2 钼资源量 46.08 万吨，334-3 钼资源量 9.37 万吨；目前经济技术条件下，预测的钼资源量 145.26 万吨，均可利用。

河北省钼矿预测工作，全省累计圈定了 64 个 1 级预测区和 39 个 2 级预测区。

二、累计查明资源储量

截至 2012 年底，河北省钼累计查明资源储量 78.53 万吨，预测钼资源量 145.26 万吨。

三、不同预测深度预测资源量

河北省钼矿预测资源量按深度分类统计如下：500 米以浅钼资源量 120.02 万吨，1000 米以浅钼资源量 145.26 万吨，2000 米以浅钼资源量 145.26 万吨（见图 8-1）。

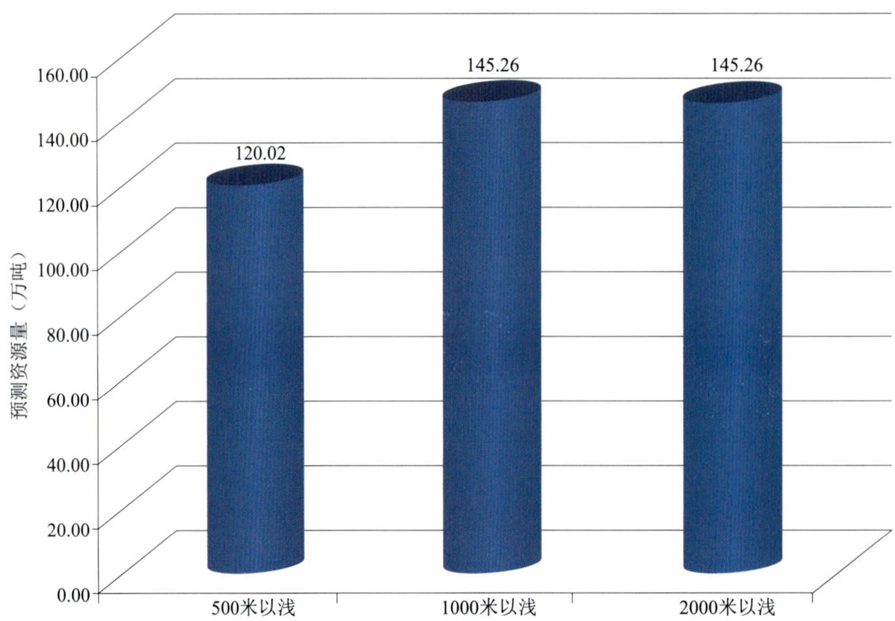

图 8-1　河北省钼矿不同预测深度预测资源量对比图

四、不同地质可靠程度预测资源量

河北省钼矿预测资源量按地质可靠程度分类统计如下：334-1 钼资源量 89.81 万吨，334-2 钼资源量 46.08 万吨，334-3 钼资源量 9.37 万吨（见图 8-2）。

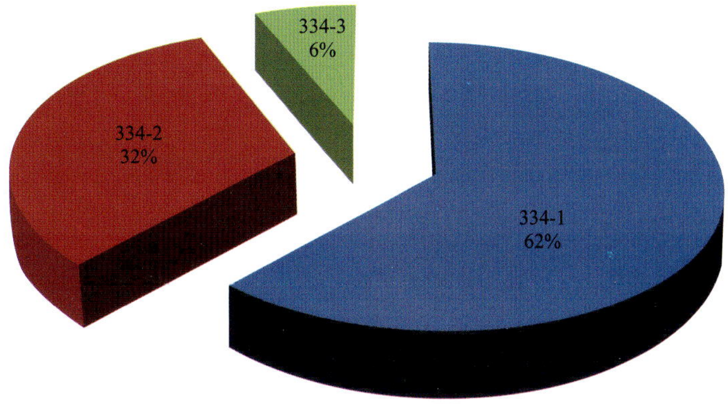

图 8-2　河北省钼矿不同地质可靠程度预测资源量比例图

五、不同利用程度预测资源量

河北省钼矿预测资源量按地质可靠程度分类统计如下：目前经济技术条件下，预测的钼资源量 145.26 万吨，均可利用（见图 8-3）。

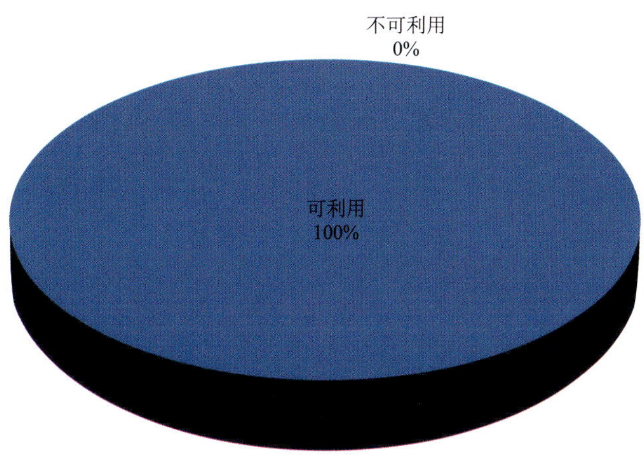

图 8-3　河北省钼矿不同利用程度预测资源量比例图

六、2 级预测区简述

河北省钼矿归并的 2 级预测区中，大于 10 万吨的 3 个，3 万~10 万吨的 9 个，1 万~3 万吨的 16 个，小于 1 万吨的 11 个；大于 3 万吨的钼矿预测区主要分布在承德及保定西北部地区（见附图 8-1、附图 8-2、附表 8-1）。

附表 8-1　河北省钼矿 2 级预测区一览表

序号	2 级预测区名称	A 类 1 级预测区名称	累计查明资源储量（金属量，万吨）	预测资源量（金属量，万吨）		
				500 米以浅	1000 米以浅	2000 米以浅
1	大湾—湖海岭—小碾子	大湾、湖海岭	29.33	16.88	22.62	
2	木尼村—王家庄	木吉村	0.16	19.17		
3	撒岱沟门—南二营	撒岱沟门	27.20	12.39	16.54	
4	磴上—磴上南—刘家营	磴上、刘家营	0.46	5.44	8.35	
5	寿王坟	寿王坟	0.62	0.24	7.44	
6	上窝铺—山神庙			6.84		
7	张怀营	张怀营	0.10	3.59	5.93	
8	北辛庄—山羊池			5.53	5.53	
9	小寺沟—东山嘴	小寺沟	6.60	3.19	3.96	
10	东坪—四台—响水沟			3.31		
11	谢营			3.25		
12	老营盘			3.11		
13	贾家营	贾家营	5.96	1.80	2.97	
14	黑山嘴—二道营—关地北			2.75		
15	三岔口			2.71		
16	南双洞沟—茅山花市	南双洞沟、茅山花市	0.12	1.92	2.63	
17	锌尖—崔杖子北	锌尖		2.48		
18	野孤—石碑口	野孤、石碑口	4.46	2.44		
19	蘑菇峪—黄土梁子	蘑菇峪	1.25	2.07	2.28	
20	六道沟			2.26		
21	谷嘴子			2.20		
22	大河南	大河南	0.01	2.11		
23	挂兰峪镇			2.03		
24	七家镇—七家镇东—上官营北			1.68		
25	徐杖子—马圈子北			1.37		
26	高板河—乌头牛			1.28		
27	桃园			1.17		
28	峪耳崖	峪耳崖		1.01		
29	下营坊	下营坊		0.98		
30	头道窝铺			0.84		
31	尖稍—蒲大石			0.83		
32	赤瓦屋—秋树林	赤瓦屋、秋树林	0.46	0.75		
33	凤山			0.53		
34	小营			0.43		
35	下窝铺南—金厂峪			0.40		
36	二拨子—擦崖子	二拨子	0.21	0.31	0.34	
37	东良			0.29		
38	四道房子			0.27		
39	东台			0.17		

注：按 2000 米以浅预测资源量大小排序，3 万吨以上在附图 8-1 上标明。

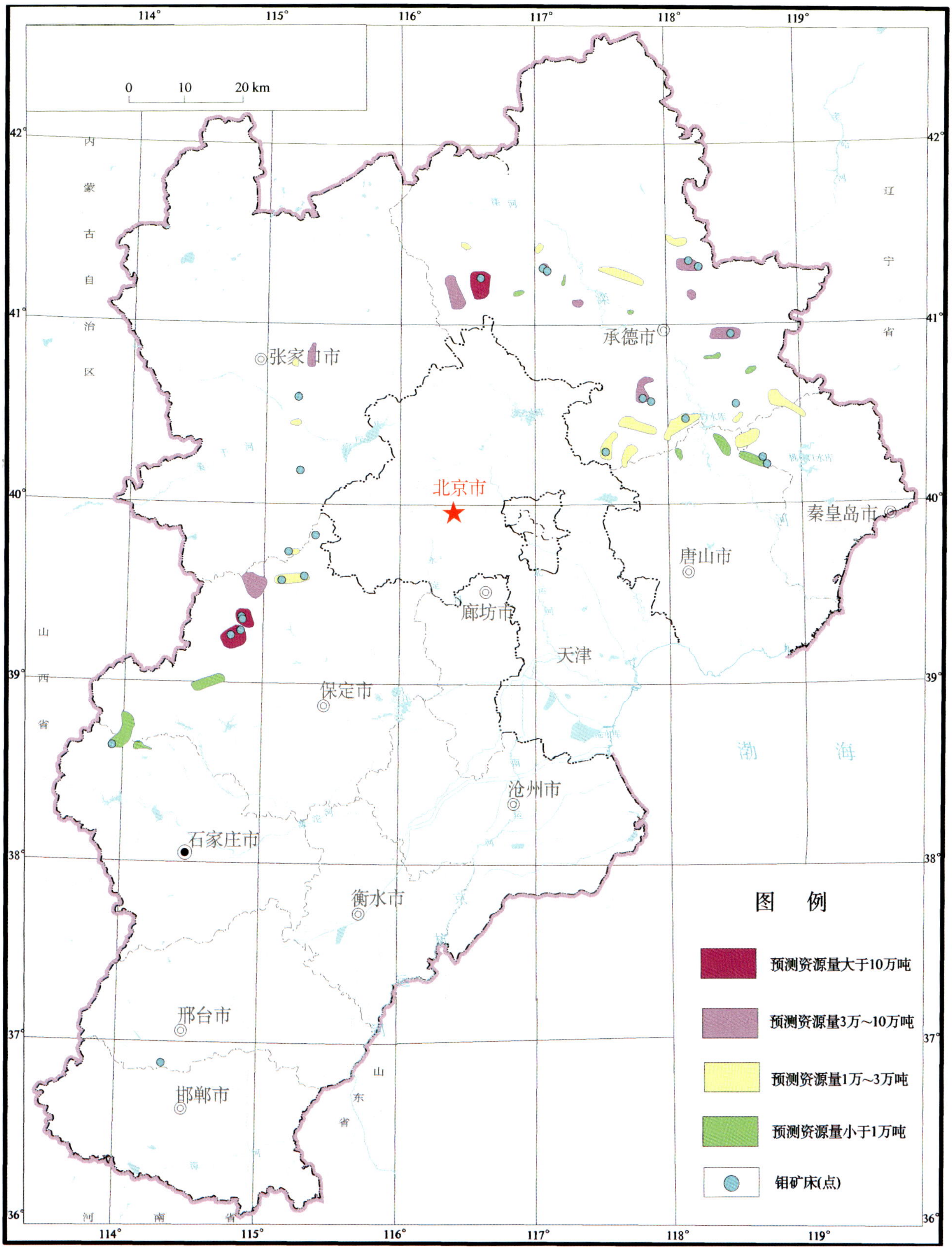

附图 8-1　河北省钼矿 2 级预测区分布图

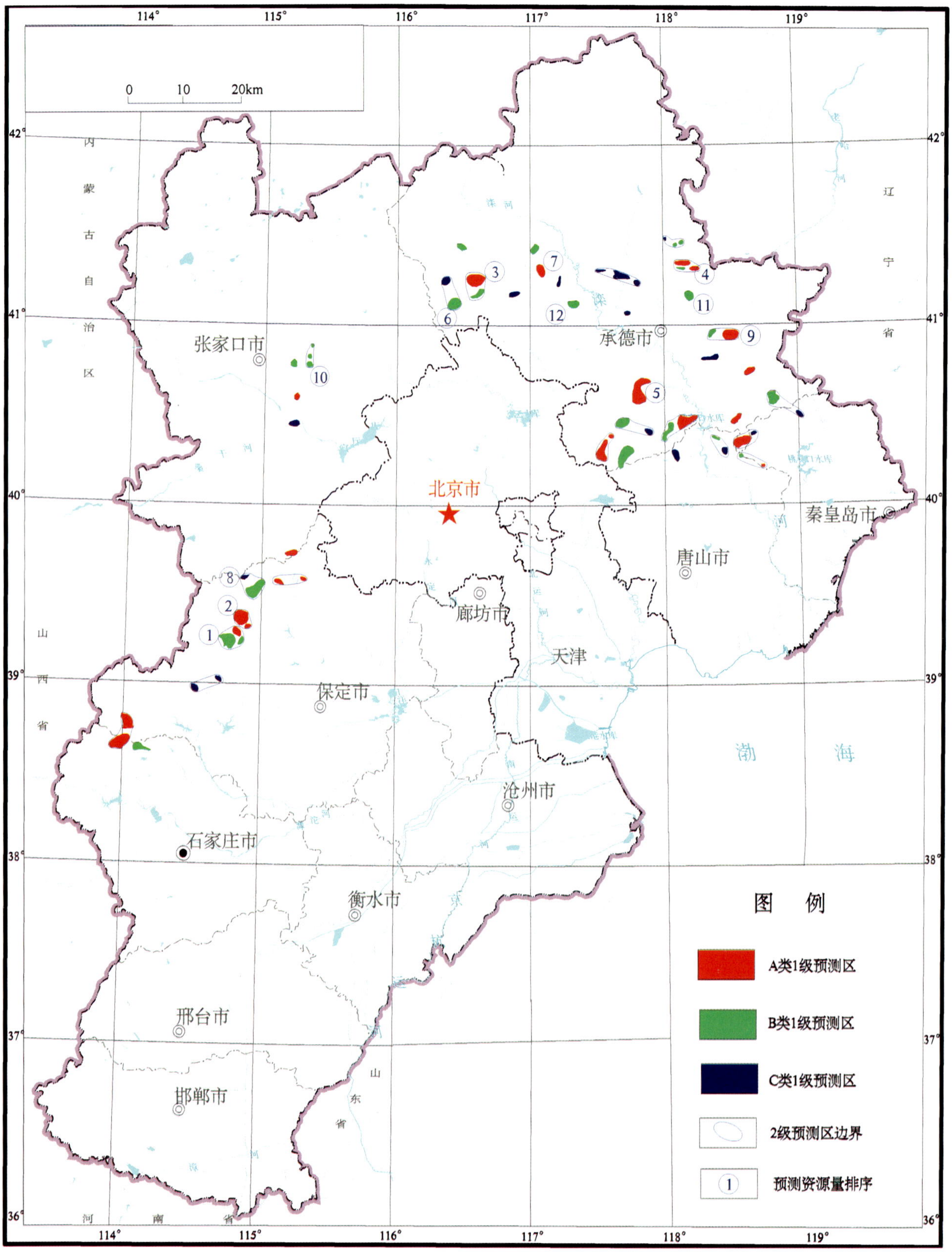

附图 8-2 河北省钼矿省级预测成果分布图

第九章　山东省钼矿资源潜力评价与选区研究

一、概述

山东省钼矿主要分布于鲁东烟台福山邢家山、栖霞尚家庄、莱山及邹平部分地区，主要矿床类型为矽卡岩型和斑岩型2种类型。

山东省钼矿总资源量为119.43万吨，其中累计查明钼资源储量76.49万吨，预测钼资源量42.94万吨。预测钼资源量中，按不同预测深度分类统计：500米以浅钼资源量22.23万吨，1000米以浅钼资源量42.94万吨，2000米以浅钼资源量42.94万吨；按不同地质可靠程度分类统计：334-1钼资源量42.80万吨，334-2钼资源量0.14万吨，334-3钼资源量0吨；目前经济技术条件下，预测的钼资源量42.94万吨，均可利用。

山东省钼矿预测工作，全省累计圈定了8个1级预测区和4个2级预测区。

二、累计查明资源储量

截至2012年底，山东省钼累计查明资源储量76.49万吨，预测钼资源量42.94万吨。

三、不同预测深度预测资源量

山东省钼矿预测资源量按深度分类统计如下：500米以浅钼资源量22.23万吨，1000米以浅钼资源量42.94万吨，2000米以浅钼资源量42.94万吨（见图9-1）。

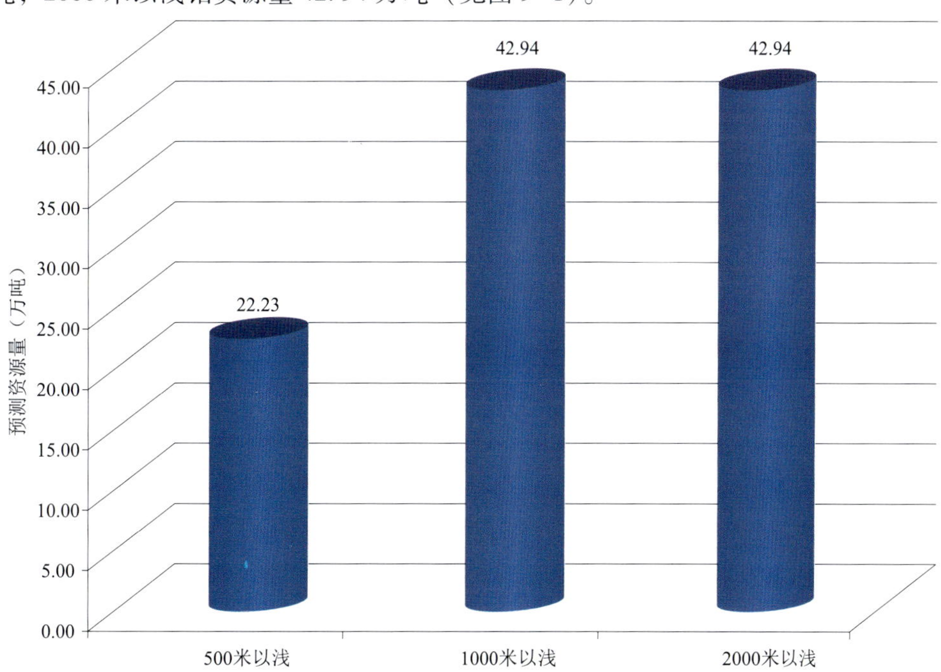

图9-1　山东省钼矿不同预测深度预测资源量对比图

四、不同地质可靠程度预测资源量

山东省钼矿预测资源量按地质可靠程度分类统计如下：334-1 钼资源量 42.80 万吨，334-2 钼资源量 0.14 万吨，334-3 钼资源量 0 吨（见图 9-2）。

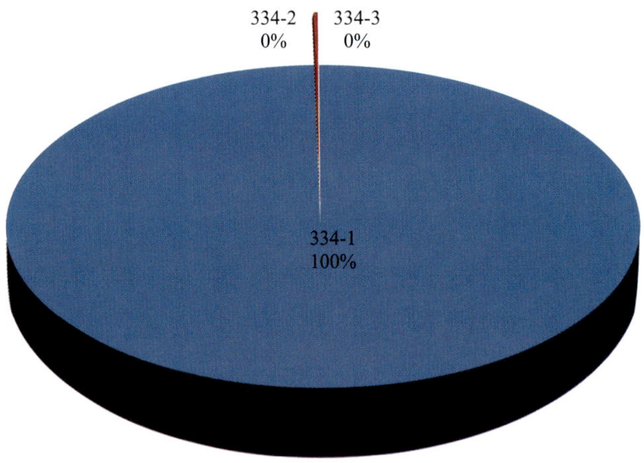

图 9-2　山东省钼矿不同地质可靠程度预测资源量比例图

五、不同利用程度预测资源量

山东省钼矿预测资源量按地质可靠程度分类统计如下：目前经济技术条件下，预测的钼资源量 42.94 万吨，均可利用（见图 9-3）。

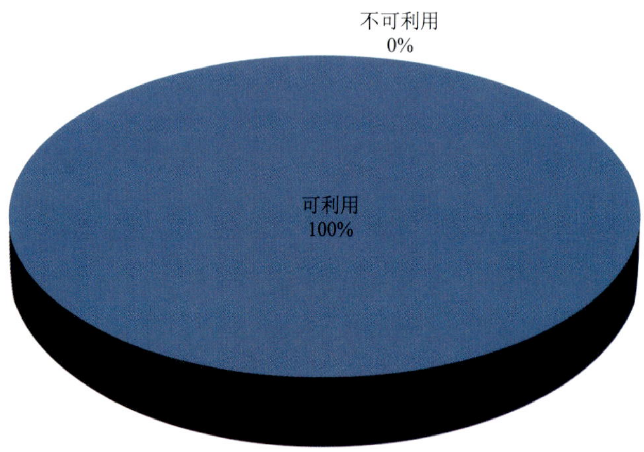

图 9-3　山东省钼矿不同利用程度预测资源量比例图

六、2 级预测区简述

山东省钼矿归并的 2 级预测区中，大于 30 万吨的 1 个，10 万～30 万吨的 0 个，5 万～10 万吨的 1 个，1 万～5 万吨的 0 个，小于 1 万吨的 2 个；大于 5 万吨的钼矿预测区主要分布在福山邢家山、栖霞尚家庄（见附图 9-1、附图 9-2、附表 9-1）。

附表 9-1　山东省钼矿 2 级预测区一览表

序号	2 级预测区名称	A 类 1 级预测区名称	累计查明资源储量（金属量，万吨）	预测资源量（金属量，万吨）		
				500 米以浅	1000 米以浅	2000 米以浅
1	福山邢家山	福山区福山镇邢家山	52. 73	17. 64	35. 27	
2	栖霞尚家庄	栖霞桃村尚家庄	5. 54	4. 18	6. 69	
3	莱山孔辛头	孔辛头	0. 14	0. 33	0. 77	
4	邹平王家庄	邹平王家庄	0. 06	0. 08	0. 20	

注：按 2000 米以浅预测资源量大小排序，在附图 9-1 上标明。

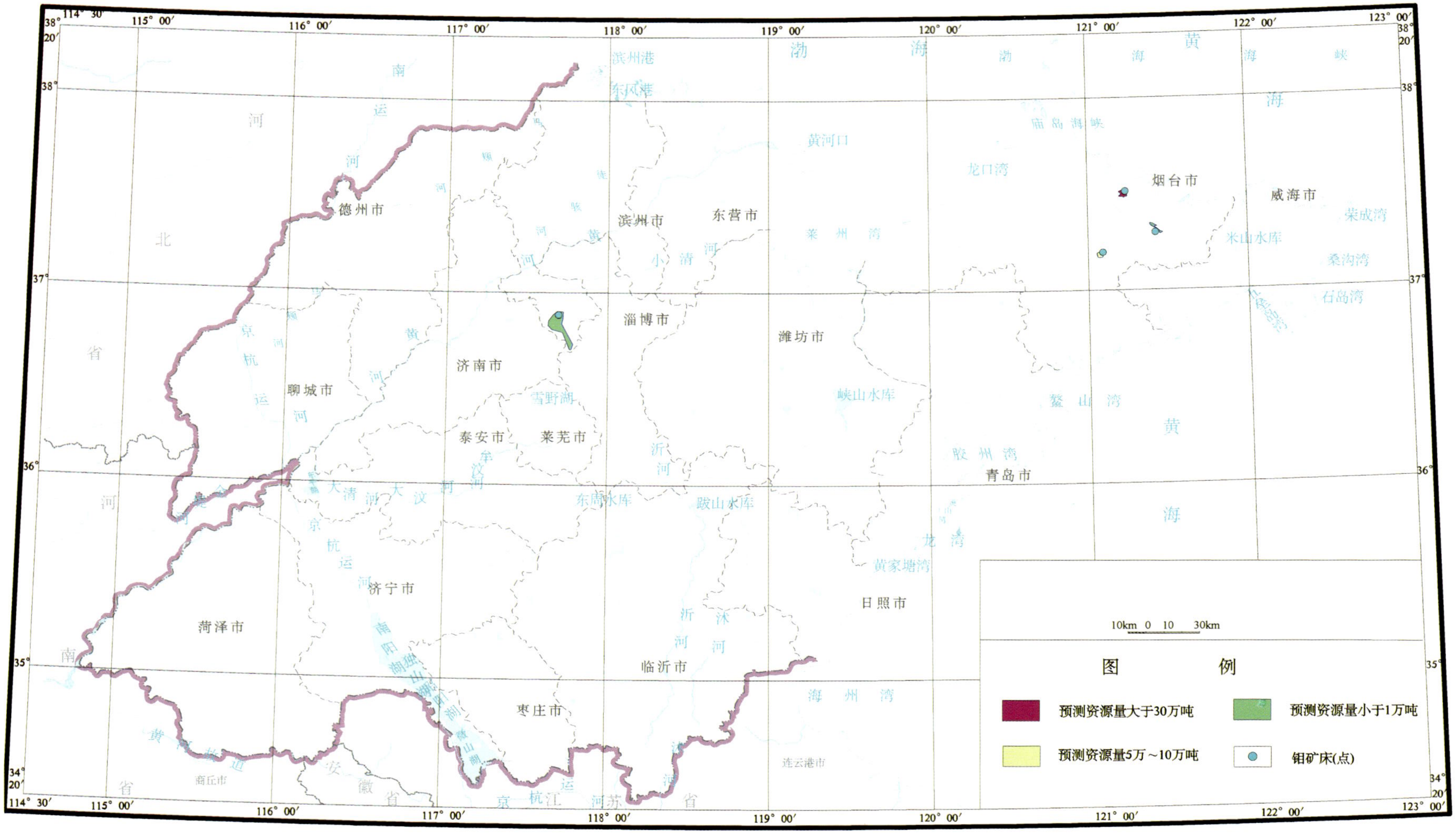

附图 9-1　山东省钼矿 2 级预测区分布图

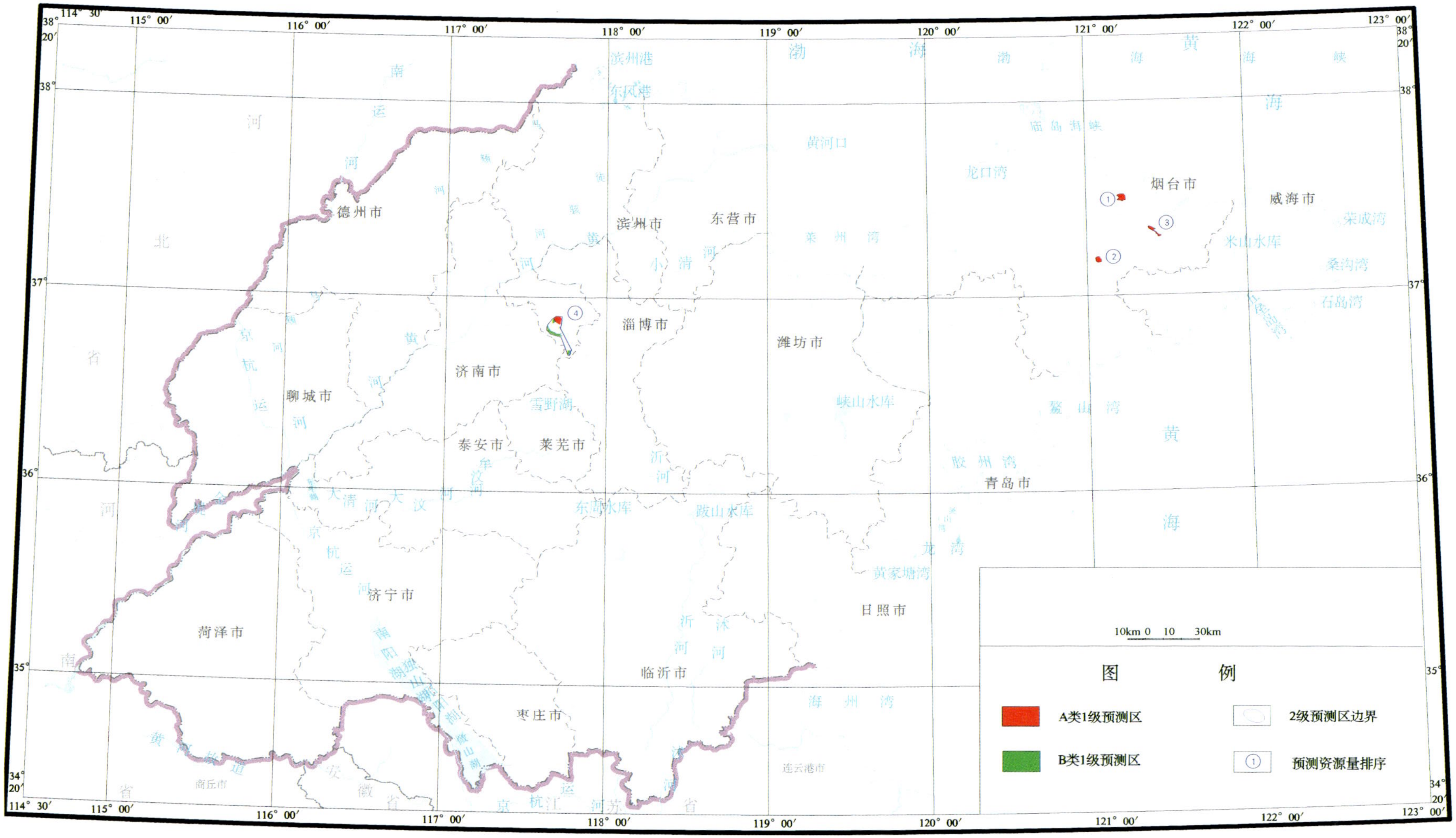

附图 9-2 山东省钼矿省级预测成果分布图

第十章　山西省钼矿资源潜力评价与选区研究

一、概述

山西省钼矿主要分布于繁峙县、翼城县和垣曲县等地，主要为斑岩型、矽卡岩型和沉积变质型铜钼矿。

山西省钼矿总资源量为28.40万吨，其中累计查明钼资源储量15.68万吨，预测钼资源量12.72万吨。预测钼资源量中，按不同预测深度分类统计：500米以浅钼资源量6.87万吨，1000米以浅钼资源量12.72万吨，2000米以浅钼资源量12.72万吨；按不同地质可靠程度分类统计：334-1钼资源量11.73万吨，334-2钼资源量0.39万吨，334-3钼资源量0.60万吨；目前经济技术条件下，预测的钼资源量12.72万吨，均可利用。

山西省钼矿预测工作，全省累计圈定了8个1级预测区和6个2级预测区。

二、累计查明资源储量

截至2012年底，山西省钼累计查明资源储量15.68万吨，预测钼资源量12.72万吨。

三、不同预测深度预测资源量

山西省钼矿预测资源量按深度分类统计如下：500米以浅钼资源量6.87万吨，1000米以浅钼资源量12.72万吨，2000米以浅钼资源量12.72万吨（见图10-1）。

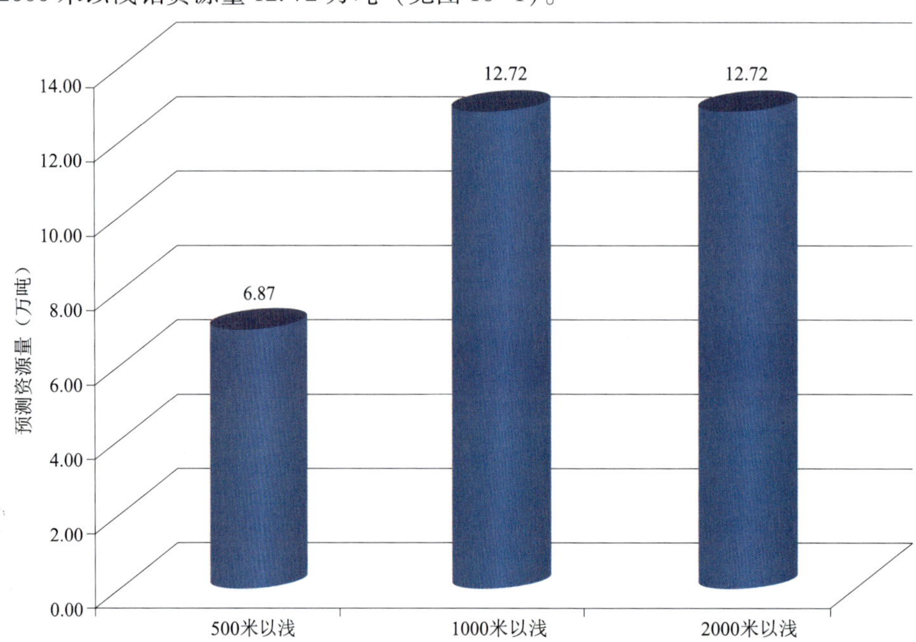

图10-1　山西省钼矿不同预测深度预测资源量对比图

四、不同地质可靠程度预测资源量

山西省钼矿预测资源量按地质可靠程度分类统计如下：334-1 钼资源量 11.73 万吨，334-2 钼资源量 0.39 万吨，334-3 钼资源量 0.60 万吨（见图 10-2）。

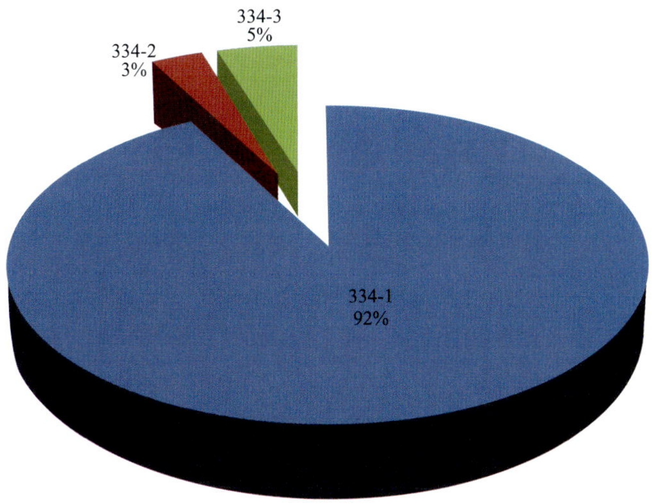

图 10-2 山西省钼矿不同地质可靠程度预测资源量比例图

五、不同利用程度预测资源量

山西省钼矿预测资源量按地质可靠程度分类统计如下：目前经济技术条件下，预测的钼资源量 12.72 万吨，均可利用（见图 10-3）。

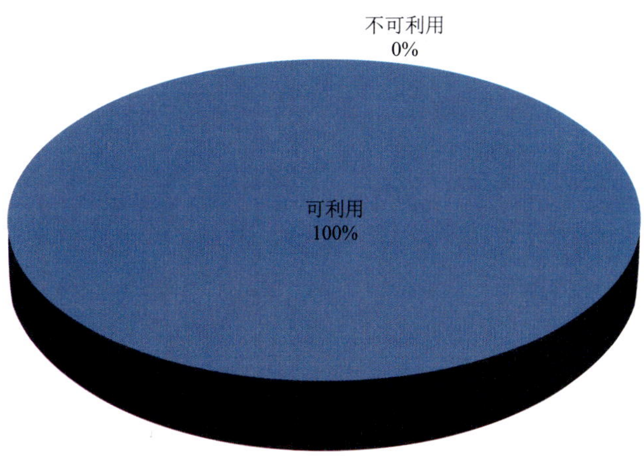

图 10-3 山西省钼矿不同利用程度预测资源量比例图

六、2 级预测区简述

山西省钼矿归并的 2 级预测区中，大于 1 万吨的 2 个，小于 1 万吨的 4 个；预测区主要分布在繁峙县、翼城县和垣曲县等地（见附图 10-1、附图 10-2、附表 10-1）。

附表 10-1 山西省钼矿 2 级预测区一览表

序号	2 级预测区名称	A 类 1 级预测区名称	累计查明资源储量（金属量，万吨）	预测资源量（金属量，万吨）		
				500 米以浅	1000 米以浅	2000 米以浅
1	繁峙县后峪		10.44	3.93	9.65	
2	翼城县刁凹	翼城县刁凹	1.50	1.50	1.50	
3	繁峙县庄旺滩一带			0.99	0.99	
4	灵丘县小彦	灵丘县小彦	0.11	0.32	0.32	
5	垣曲县铜矿峪	垣曲县铜矿峪	1.26	0.11	0.24	
6	垣曲县篦子沟	垣曲县篦子沟	0.15	0.01	0.01	

注：按 2000 米以浅预测资源量大小排序，在附图 10-1 上标明。

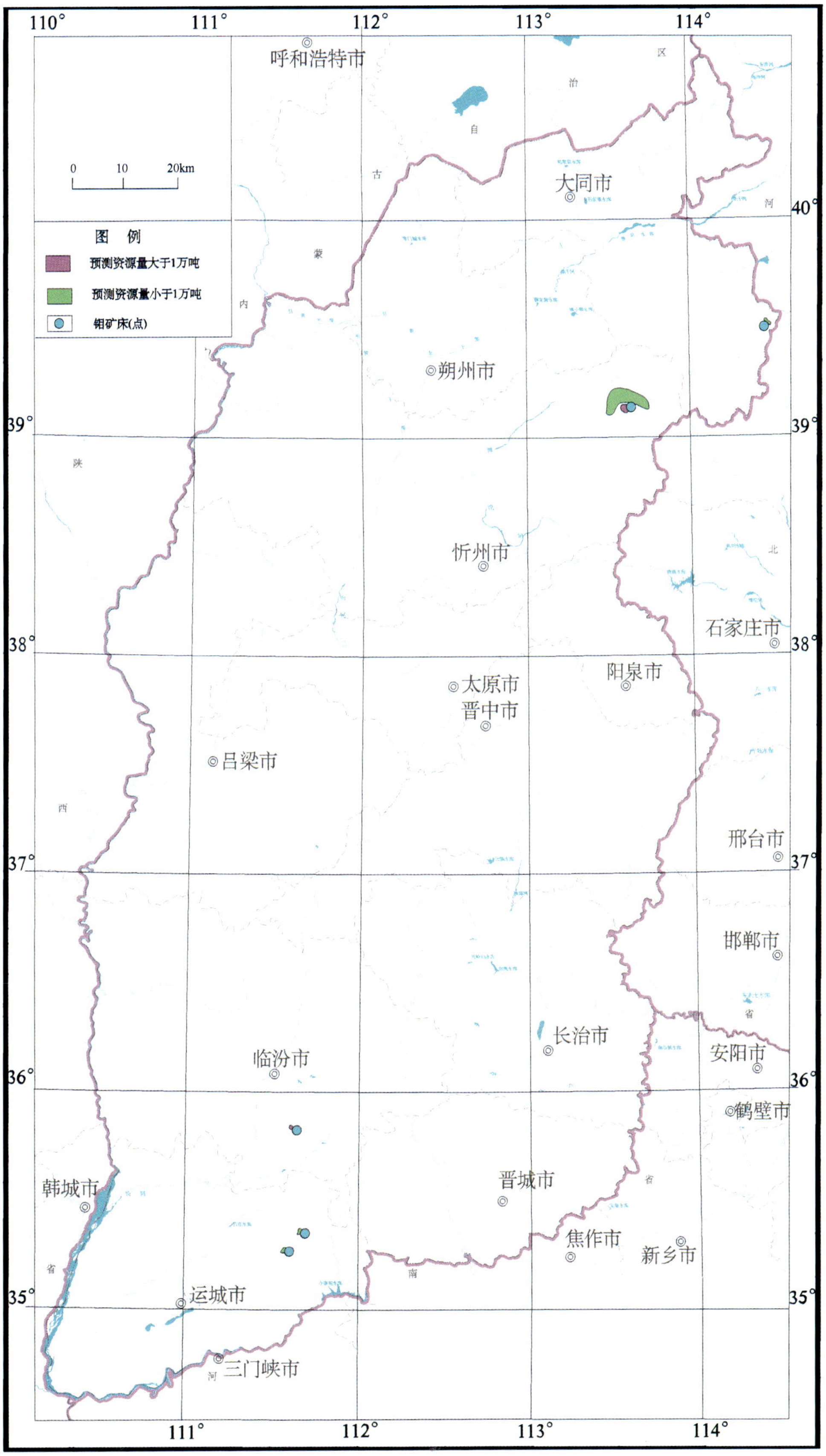

附图 10-1　山西省钼矿 2 级预测区分布图

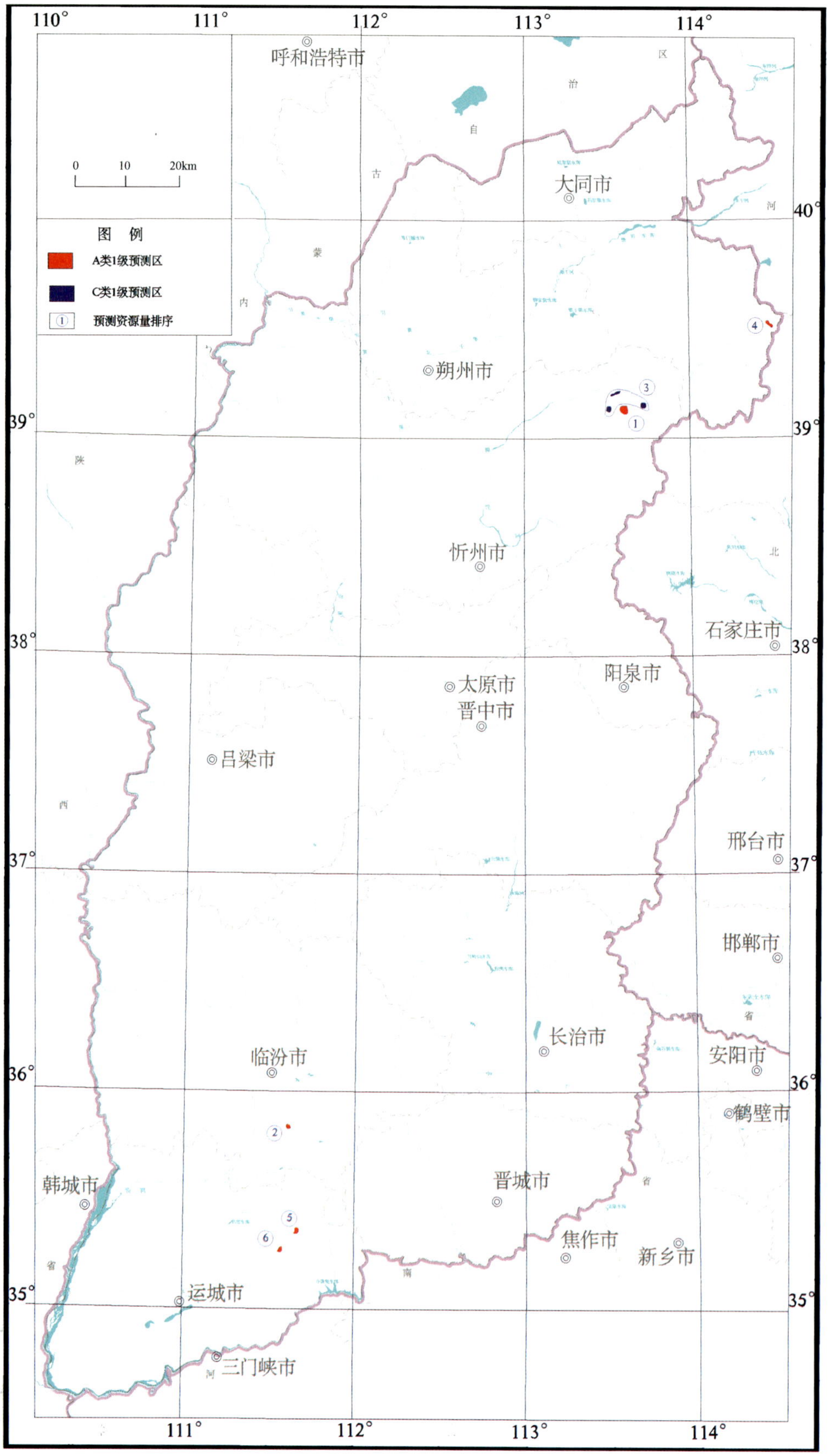

附图 10-2 山西省钼矿省级预测成果分布图

第十一章　内蒙古自治区钼矿资源潜力评价与选区研究

一、概述

内蒙古自治区钼矿主要分布于呼伦贝尔、锡林郭勒、赤峰、丰镇、二连和额济纳等地，主要矿床类型为斑岩型、矽卡岩型、高温热液型和沉积变质型。

内蒙古自治区钼矿总资源量为1039.18万吨，其中累计查明钼资源储量216.17万吨，预测钼资源量823.01万吨。预测钼资源量中，按不同预测深度分类统计：500米以浅钼资源量476.22万吨，1000米以浅钼资源量674.70万吨，2000米以浅钼资源量823.01万吨；按不同地质可靠程度分类统计：334-1钼资源量284.46万吨，334-2钼资源量256.40万吨，334-3钼资源量282.15万吨；目前经济技术条件下，可利用的钼资源量505.81万吨。

内蒙古自治区钼矿预测工作，全区累计圈定了320个1级预测区和202个2级预测区。

二、累计查明资源储量

截至2012年底，内蒙古自治区钼累计查明资源储量216.17万吨，预测钼资源量823.01万吨。

三、不同预测深度预测资源量

内蒙古自治区钼矿预测资源量按深度分类统计如下：500米以浅钼资源量476.22万吨，1000米以浅钼资源量674.70万吨，2000米以浅钼资源量823.01万吨（见图11-1）。

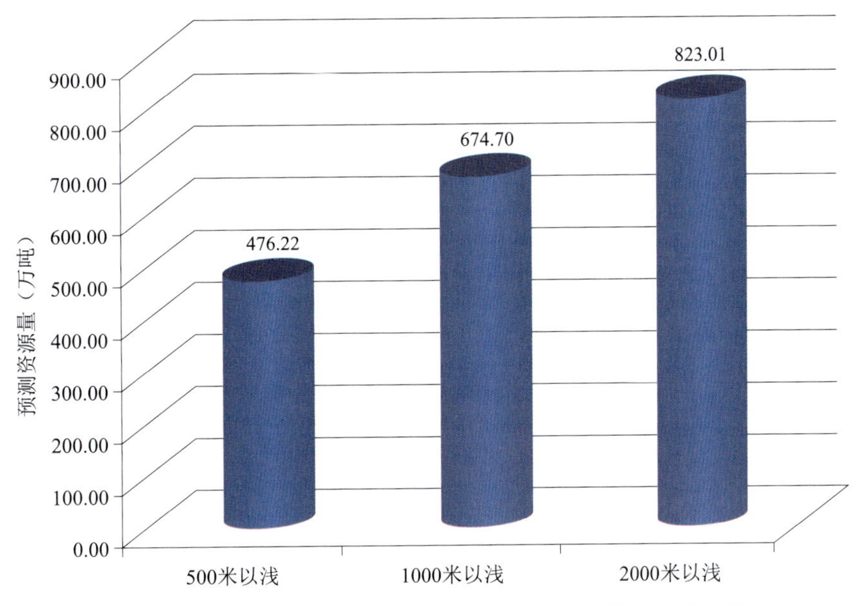

图11-1　内蒙古自治区钼矿不同预测深度预测资源量对比图

四、不同地质可靠程度预测资源量

内蒙古自治区钼矿预测资源量按地质可靠程度分类统计如下：334-1 钼资源量 284.46 万吨，334-2 钼资源量 256.40 万吨，334-3 钼资源量 282.15 万吨（见图 11-2）。

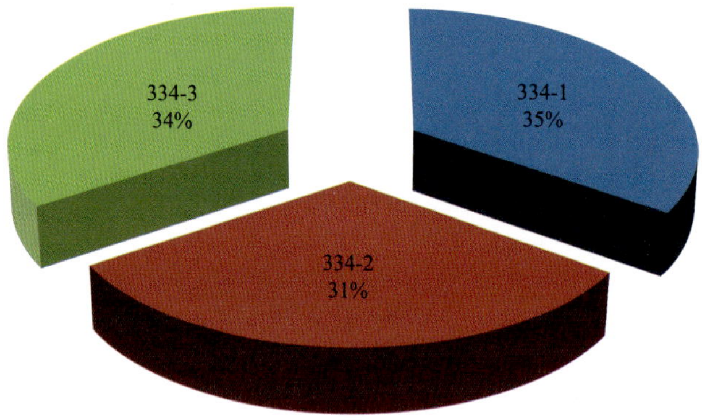

图 11-2　内蒙古自治区钼矿不同地质可靠程度预测资源量比例图

五、不同利用程度预测资源量

内蒙古自治区钼矿预测资源量按地质可靠程度分类统计如下：目前经济技术条件下，可利用的钼资源量 505.81 万吨、不可利用钼资源量 317.20 万吨（见图 11-3）。

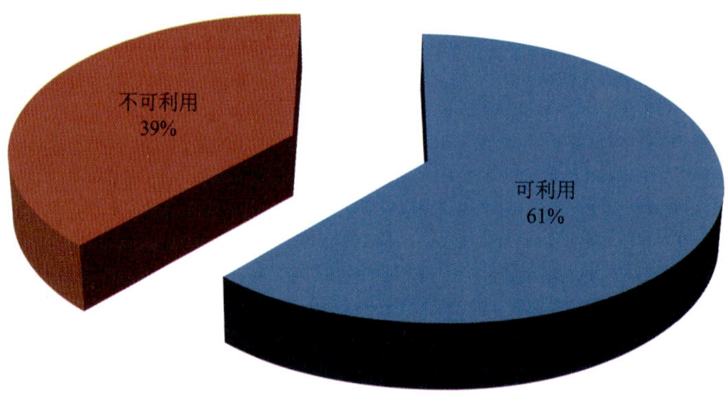

图 11-3　内蒙古自治区钼矿不同利用程度预测资源量比例图

六、2 级预测区简述

内蒙古自治区钼矿归并的 2 级预测区中，大于 50 万吨的 5 个，5 万~50 万吨的 18 个，1 万~5 万吨的 41 个，小于 1 万吨的 138 个；大于 5 万吨的钼矿预测区主要分布在呼伦贝尔、锡林郭勒、赤峰及丰镇地区（见附图 11-1、附图 11-2、附图 11-3、附表 11-1）。

备注：东乌旗的地研清阿木地区，本次未做预测工作。

附表 11-1 内蒙古自治区钼矿 2 级预测区一览表

序号	2 级预测区名称	A 类 1 级预测区名称	累计查明资源储量（金属量，万吨）	预测资源量（金属量，万吨）		
				500 米以浅	1000 米以浅	2000 米以浅
1	岔路口	岔路口	112.48	43.66	78.04	105.93
2	曹四夭村	曹四夭村	100.00	25.72	51.45	102.89
3	花陶勒盖	查干花	26.00	79.82	84.14	84.14
4	多布尔河西			12.77	17.59	81.16
5	朱沿沟			27.90	55.71	66.83
6	阿源林场			36.51	42.88	42.69
7	大梁村			14.67	29.33	35.20
8	乌奴格吐山	乌奴格吐山	40.40	23.54	34.89	34.89
9	逯明沟			6.11	12.21	14.65
10	必鲁甘干	必鲁甘干		11.09	13.97	13.97
11	常山窑村	常山窑村		7.85	12.55	12.55
12	黄家营子			5.21	10.42	10.42
13	五分地南	五分地南		6.32	9.59	9.59
14	1303 高地南			7.57	9.53	9.53
15	长岭			7.79	9.35	9.35
16	838			7.63	9.15	9.15
17	鸭鸡山	鸭鸡山	1.40	2.31	4.31	8.29
18	努其根呼都格			5.85	7.02	7.02
19	达赖沟			6.74	6.74	6.74
20	伊山林场			13.54	24.91	6.18
21	铁匠炉	小东沟	0.56	3.11	5.94	5.94
22	大苏计	大苏计	4.73	5.70	5.70	5.70
23	元山子乡			4.47	5.36	5.36
24	八大关	八大关	1.01	3.56	4.47	4.47
25	独龙包	独龙包	3.87	2.83	4.31	4.31
26	达来敖包	达来敖包		2.91	4.29	4.29
27	流沙山	流沙山	0.13	2.58	4.23	4.23
28	九龙湾乡			2.45	3.92	3.92
29	乌奴格吐山东北			3.20	3.84	3.84
30	1518 高地			2.89	3.76	3.76
31	努其根呼都格北东			3.14	3.41	3.41
32	曹家屯	曹家屯	1.01	3.05	3.24	3.24
33	1502 高地			2.34	3.04	3.04
34	准苏吉花	准苏吉花	1.02	2.04	3.01	3.01
35	车户沟	窑沟门、四道沟	3.63	1.15	1.90	2.71
36	940 正北			2.03	2.43	2.43
37	742 东南			2.00	2.40	2.40
38	姜家街			1.92	2.26	2.26
39	裕龙村			1.13	2.26	2.26

续表

序号	2 级预测区名称	A 类 1 级预测区名称	累计查明资源储量（金属量，万吨）	预测资源量（金属量，万吨）		
				500 米以浅	1000 米以浅	2000 米以浅
40	小新力奇南	太平沟北 1、2	1.95	1.80	2.21	2.22
41	南塔乡南东			2.16	2.16	2.16
42	关家营		1.92	0.54	1.08	2.16
43	全胜林场北			2.10	2.10	2.10
44	白乃庙	白音朝克图苏木、白音朝克图嘎查南	1.17	0.71	0.89	1.98
45	布日德嘎查西南			1.57	1.88	1.88
46	杜尔基苏木五峰山	杜尔基苏木五峰山		1.87	1.87	1.87
47	鸡冠山		9.14	0.45	0.90	1.79
48	大扬气者南			2.74	4.72	1.77
49	小狐狸山	小狐狸山	3.19	1.01	1.72	1.72
50	毕力格北 3 千米	四十五公里西北 9.5 千米		1.63	1.63	1.63
51	1068 高地南			1.22	1.59	1.59
52	永祥村			1.50	1.50	1.50
53	塔日音浑迪			1.17	1.47	1.47
54	景阳村北东			1.22	1.46	1.46
55	巴彦乌拉西			1.41	1.41	1.41
56	德尔斯沃博勒卓			0.96	1.35	1.35
57	梨子山	梨子山	0.24	1.34	1.34	1.34
58	阿拉戈乌拉北			0.92	1.29	1.29
59	高家窝铺乡南			0.62	1.25	1.25
60	敖拉根吐	萨如拉宝拉格嘎查北东	0.11	1.24	1.24	1.24
61	萨仁图嘎查			1.09	1.09	1.09
62	格德勒哈沙西			0.67	1.07	1.07
63	923 高地北			0.81	1.06	1.06
64	道伦达坝苏木			1.01	1.01	1.01
65	墨家沟			0.98	0.98	0.98
66	巴林刹拉沟里			0.96	0.96	0.96
67	黄家营子			0.94	0.94	0.94
68	1176 高地南西			0.70	0.91	0.91
69	东村			0.75	0.90	0.90
70	四方城乡	四方城乡	0.18	0.73	0.88	0.88
71	大牛圈西南			0.86	0.86	0.86
72	柏宝庄乡西			0.85	0.85	0.85
73	太平沟西北			0.82	0.82	0.82
74	1145 高地			0.72	0.80	0.80
75	学田乡北西			0.79	0.79	0.79
76	小野户北西			0.77	0.77	0.77
77	白音诺尔镇北西			0.76	0.76	0.76

续表

序号	2级预测区名称	A类1级预测区名称	累计查明资源储量（金属量，万吨）	预测资源量（金属量，万吨）		
				500米以浅	1000米以浅	2000米以浅
78	福德南屯	福德南屯		0.76	0.76	0.76
79	嘎巴特敖包特			0.73	0.73	0.73
80	大坝沟镇北			0.72	0.72	0.72
81	1517高地南东			0.66	0.71	0.71
82	哈拉沁乡			0.70	0.70	0.70
83	腰站鹿场西			0.70	0.70	0.70
84	红二队	三十二公里西4.5千米		0.69	0.69	0.69
85	四德堂乡南西			0.32	0.64	0.64
86	六户镇			0.63	0.63	0.63
87	柳条沟		0.04	0.62	0.62	0.62
88	骆驼井子村			0.62	0.62	0.62
89	靠山屯			0.61	0.61	0.61
90	巴润古腊布南			0.43	0.61	0.61
91	罕达盖林场	罕达盖林场		0.31	0.57	0.57
92	苏河屯			0.55	0.55	0.55
93	老牛圈			0.54	0.54	0.54
94	永巨村西			0.52	0.52	0.52
95	四十八公里西南			0.26	0.51	0.51
96	大营子南沟北	大营子南沟北		0.50	0.50	0.50
97	巴润尚德北			0.35	0.50	0.50

注：按2000米以浅预测资源量大小排序，大于0.50万吨列表。5万吨以上在附图11-1上标明。

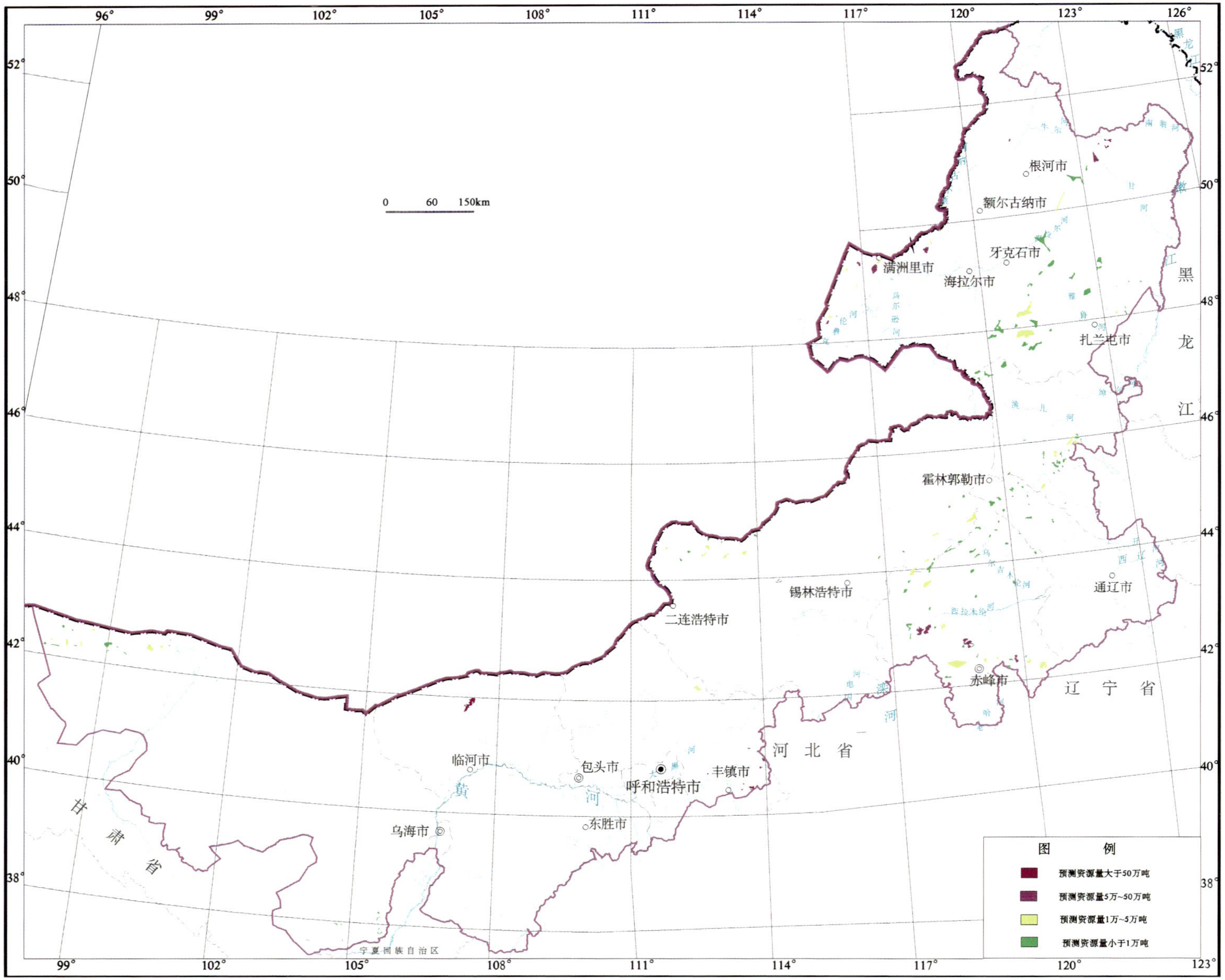

附图 11-1 内蒙古自治区钼矿 2 级预测区分布图

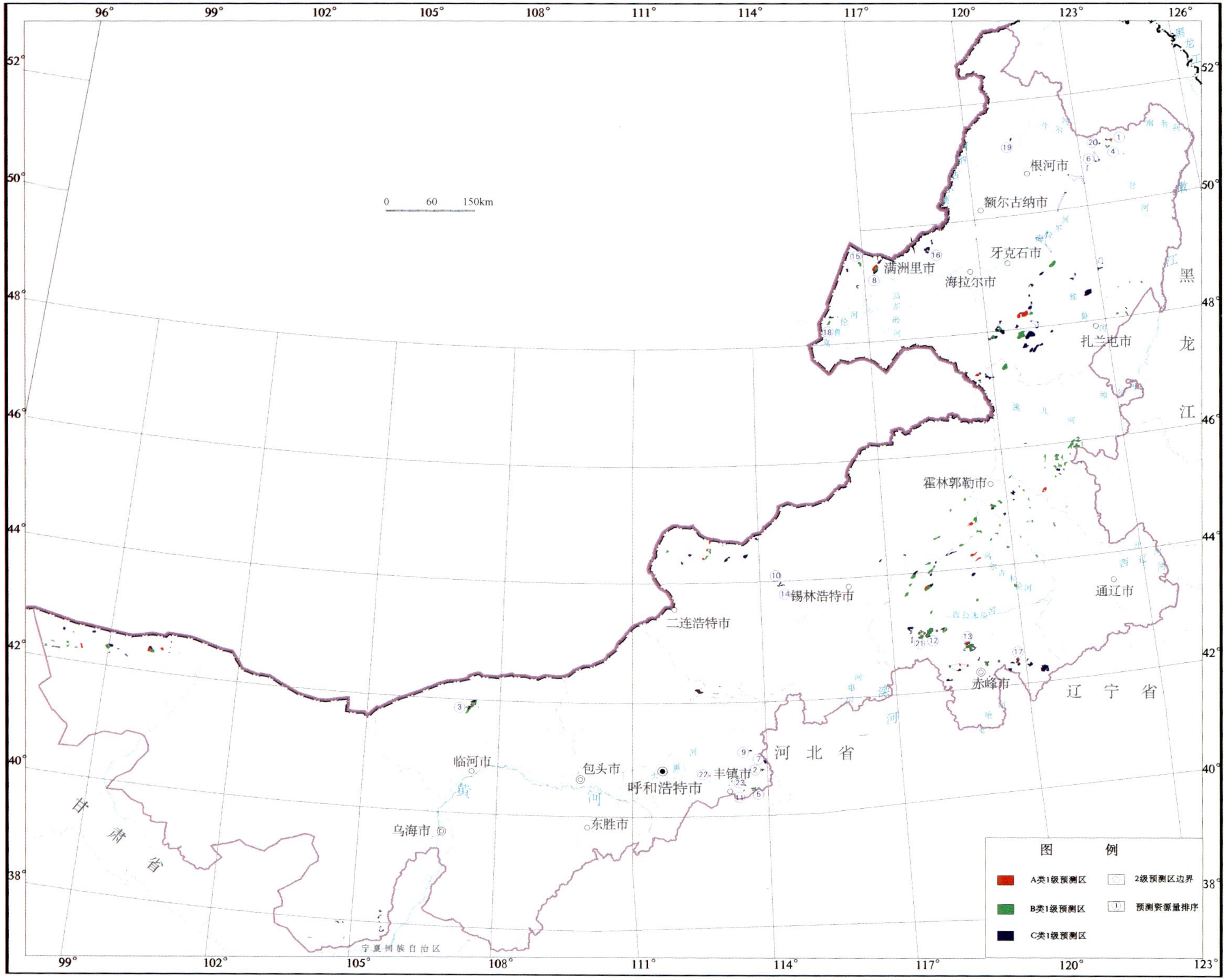

附图 11-2 内蒙古自治区钼矿预测成果分布图

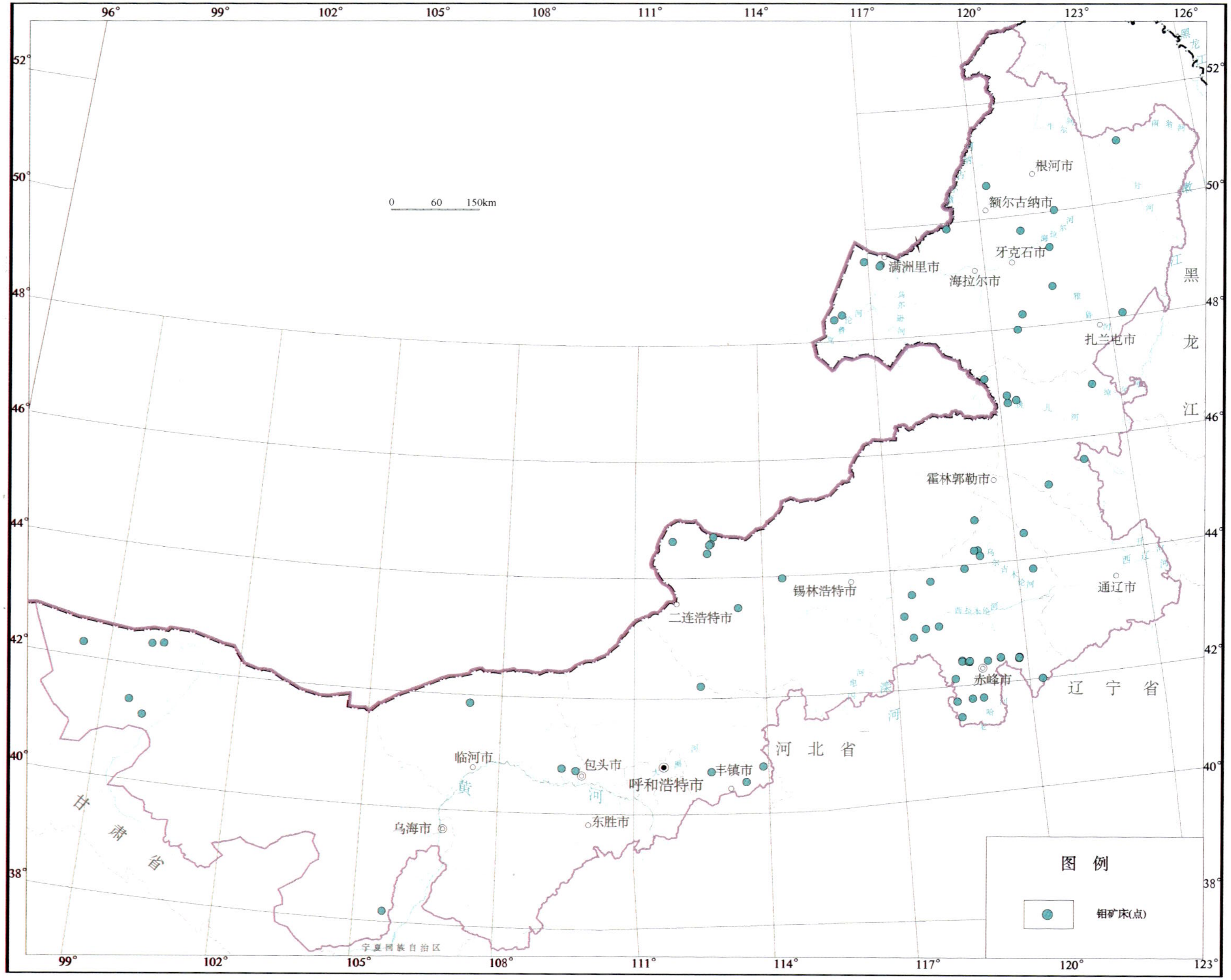

附图 11-3 内蒙古自治区钼矿矿产地分布图

第十二章　甘肃省钼矿资源潜力评价与选区研究

一、概述

甘肃省钼矿主要分布于西秦岭北祁连地区，酒泉、陇南和张掖三市钼矿占全省 97%，主要矿床类型为斑岩型和石英脉型 2 种类型。

甘肃省钼矿总资源量为 124.15 万吨，其中累计查明钼资源储量 11.58 万吨，预测钼资源量 112.57 万吨。预测钼资源量中，按不同预测深度分类统计：500 米以浅钼资源量 69.98 万吨，1000 米以浅钼资源量 112.57 万吨，2000 米以浅钼资源量 112.57 万吨；按不同地质可靠程度分类统计：334-1 钼资源量 94.36 万吨，334-2 钼资源量 6.81 万吨，334-3 钼资源量 11.41 万吨；目前经济技术条件下，可利用的钼资源量 94.36 万吨。

甘肃省钼矿预测工作，全省累计圈定了 10 个 1 级预测区和 4 个 2 级预测区。

二、累计查明资源储量

截至 2012 年底，甘肃省钼累计查明资源储量 11.58 万吨，预测钼资源量 112.57 万吨。

三、不同预测深度预测资源量

甘肃省钼矿预测资源量按深度分类统计如下：500 米以浅钼资源量 69.98 万吨，1000 米以浅钼资源量 112.57 万吨，2000 米以浅钼资源量 112.57 万吨（见图 12-1）。

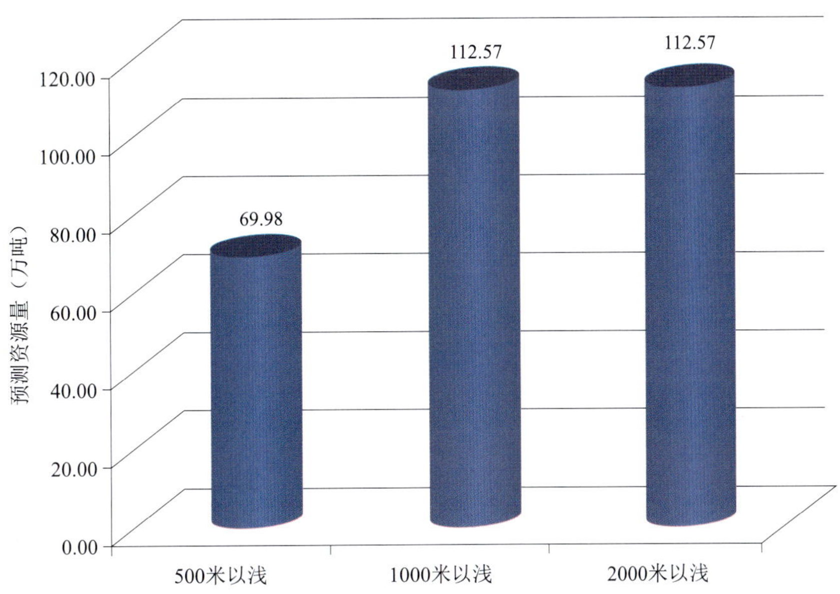

图 12-1　甘肃省钼矿不同预测深度预测资源量对比图

四、不同地质可靠程度预测资源量

甘肃省钼矿预测资源量按地质可靠程度分类统计如下：334-1 钼资源量 94.36 万吨，334-2 钼资源量 6.81 万吨，334-3 钼资源量 11.41 万吨（见图 12-2）。

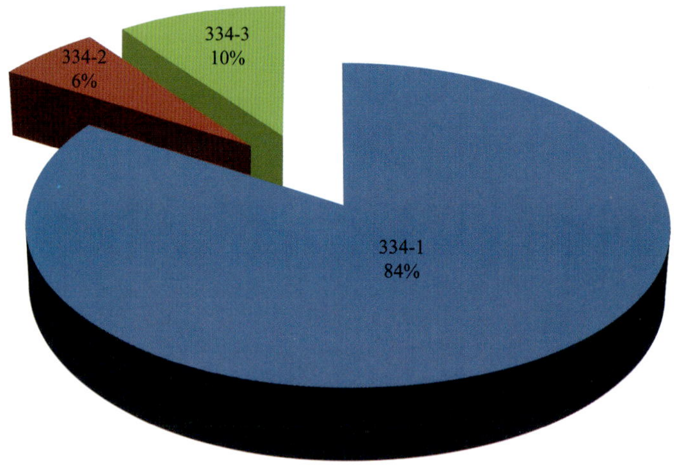

图 12-2　甘肃省钼矿不同地质可靠程度预测资源量比例图

五、不同利用程度预测资源量

甘肃省钼矿预测资源量按地质可靠程度分类统计如下：目前经济技术条件下，可利用的钼资源量 94.36 万吨、不可利用 18.21 万吨（见图 12-3）。

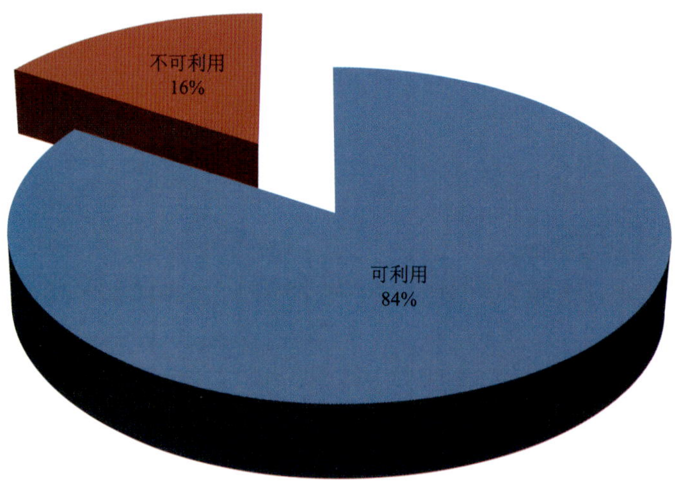

图 12-3　甘肃省钼矿不同利用程度预测资源量比例图

六、2 级预测区简述

甘肃省钼矿归并的 2 级预测区中，大于 50 万吨的 2 个，5 万~50 万吨的 0 个，1 万~5 万吨的 2 个，主要分布在酒泉、陇南和张掖三市地区（见附图 12-1、附图 12-2、附表 12-1）。

附表 12-1　甘肃省钼矿 2 级预测区一览表

序号	2 级预测区名称	A 类 1 级预测区名称	累计查明资源储量（金属量，万吨）	预测资源量（金属量，万吨）		
				500 米以浅	1000 米以浅	2000 米以浅
1	温泉	温泉	16.12	34.23	58.83	
2	小柳沟	小柳沟	7.93	33.40	50.95	
3	干巴河脑	干巴河脑		1.72	1.72	
4	锁子峡	锁子峡	0.09	0.63	1.08	

注：按 2000 米以浅预测资源量大小排序，在附图 12-1 上标明。

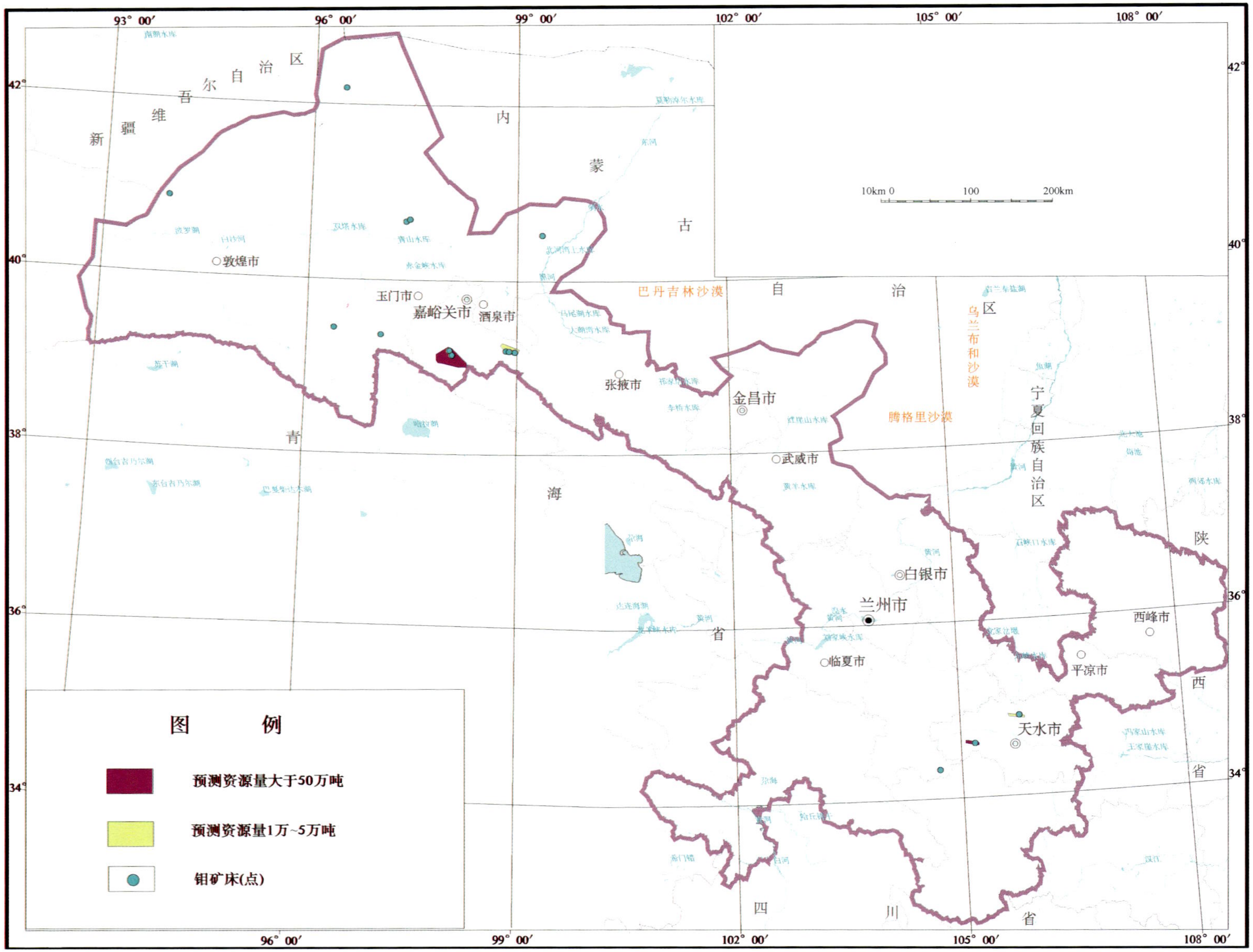

附图 12-1　甘肃省钼矿 2 级预测区分布图

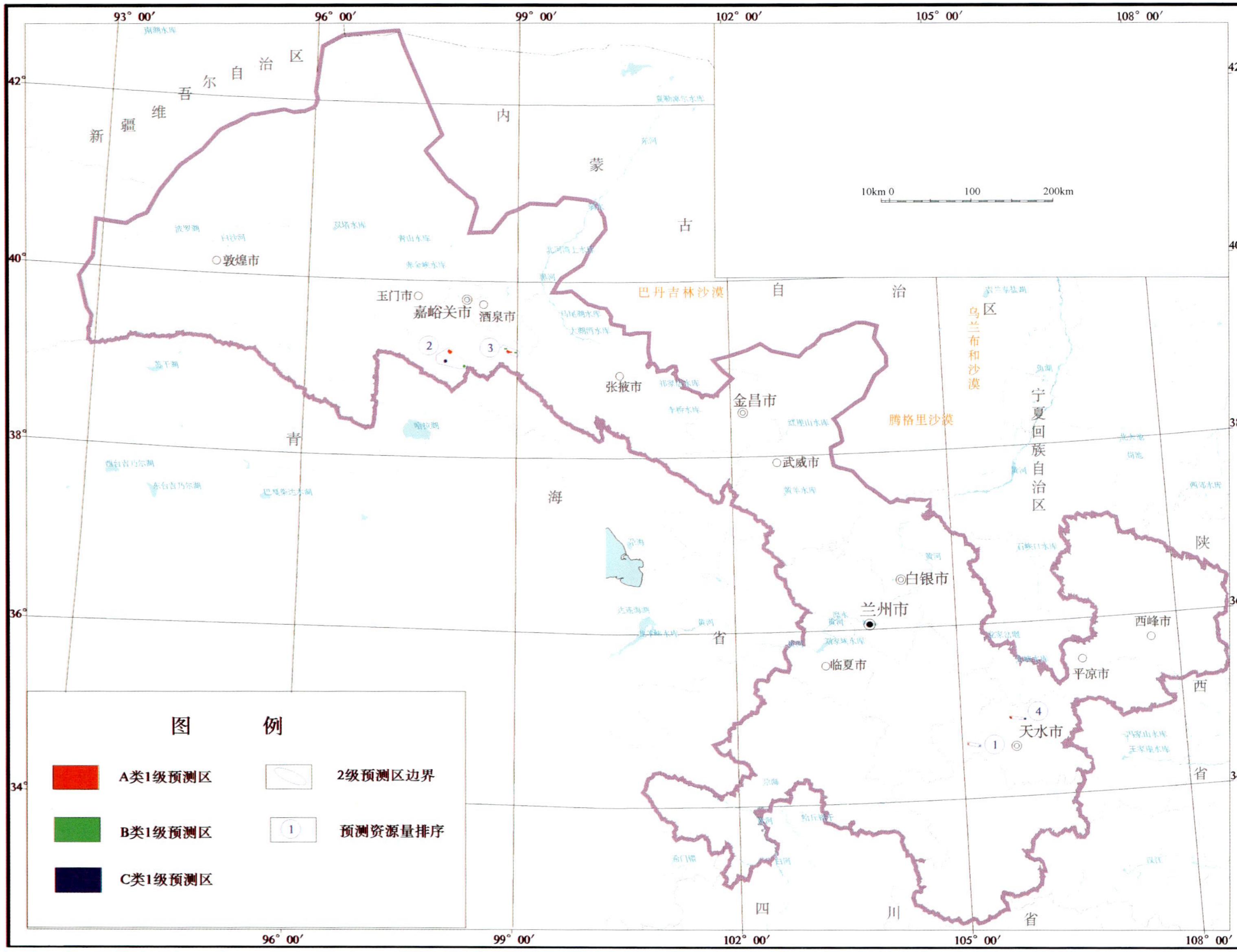

附图 12-2　甘肃省钼矿省级预测成果分布图

第十三章　青海省钼矿资源潜力评价与选区研究

一、概述

青海省钼矿主要分布于祁漫塔格、沱沱河—然者涌、伯喀里克和都兰—鄂拉山地区，主要矿床类型为斑岩型、矽卡岩型和热液型。

青海省钼矿总资源量为 135.66 万吨，其中累计查明钼资源储量 24.54 万吨，预测钼资源量 111.12 万吨。预测钼资源量中，按不同预测深度分类统计：500 米以浅钼资源量 100.03 万吨，1000 米以浅钼资源量 110.95 万吨，2000 米以浅钼资源量 111.12 万吨；按不同地质可靠程度分类统计：334-1 钼资源量 26.10 万吨，334-2 钼资源量 45.58 万吨，334-3 钼资源量 39.43 万吨；目前经济技术条件下，可利用的钼资源量 26.10 万吨。

青海省钼矿预测工作，全省累计圈定了 52 个 1 级预测区和 19 个 2 级预测区。

二、累计查明资源储量

截至 2012 年底，青海省钼累计查明资源储量 24.54 万吨，预测钼资源量 111.12 万吨。

三、不同预测深度预测资源量

青海省钼矿预测资源量按深度分类统计如下：500 米以浅钼资源量 100.03 万吨，1000 米以浅钼资源量 110.95 万吨，2000 米以浅钼资源量 111.12 万吨（见图 13-1）。

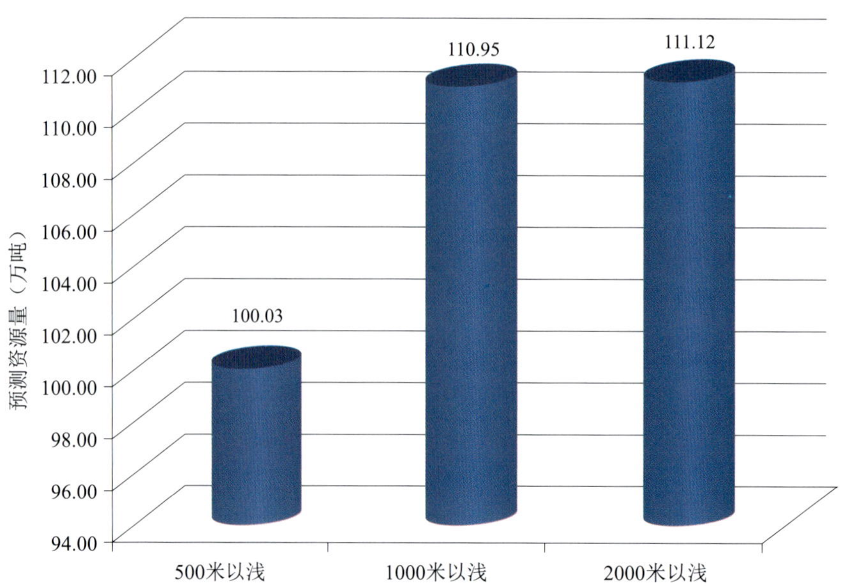

图 13-1　青海省钼矿不同预测深度预测资源量对比图

四、不同地质可靠程度预测资源量

青海省钼矿预测资源量按地质可靠程度分类统计如下：334-1 钼资源量 26.10 万吨，334-2 钼资源量 45.58 万吨，334-3 钼资源量 39.43 万吨（见图 13-2）。

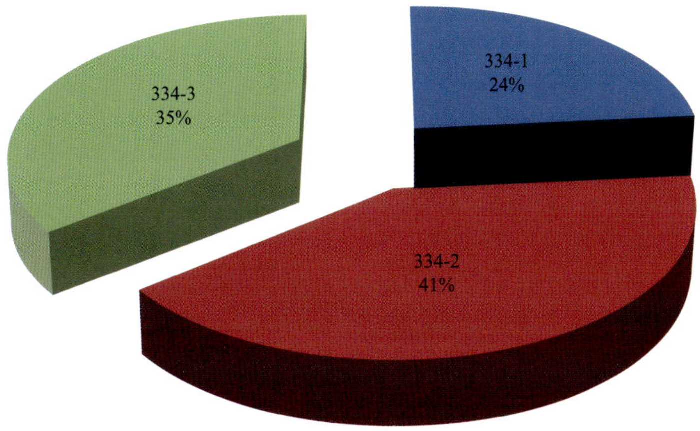

图 13-2　青海省钼矿不同地质可靠程度预测资源量比例图

五、不同利用程度预测资源量

青海省钼矿预测资源量按地质可靠程度分类统计如下：目前经济技术条件下，可利用的钼资源量 26.10 万吨、不可利用 85.02 万吨（见图 13-3）。

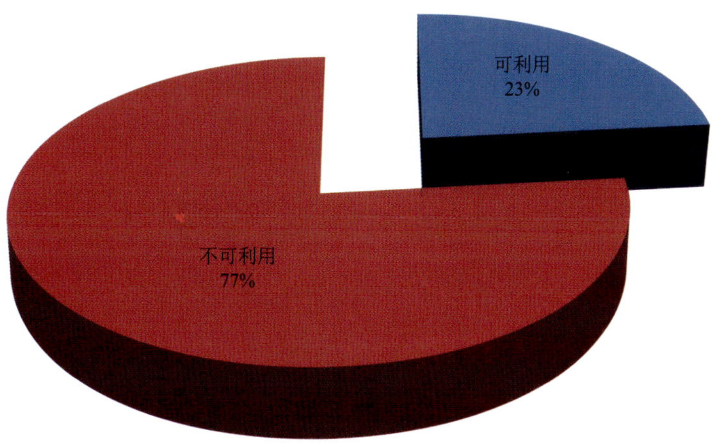

图 13-3　青海省钼矿不同利用程度预测资源量比例图

六、2 级预测区简述

青海省钼矿归并的 2 级预测区中，大于 10 万吨的 2 个，5 万~10 万吨的 3 个，1 万~5 万吨的 6 个，小于 1 万吨的 8 个；大于 5 万吨的钼矿预测区主要分布在祁漫塔格和沱沱河—然者涌地区（见附图 13-1、附图 13-2、附表 13-1）。

附表 13-1 青海省钼矿 2 级预测区一览表

序号	2 级预测区名称	A 类 1 级预测区名称	累计查明资源储量（金属量，万吨）	预测资源量（金属量，万吨）		
				500 米以浅	1000 米以浅	2000 米以浅
1	纳日贡玛	纳日贡玛、陆日格	2.40	55.98	61.94	
2	扎西地玛—夏压玛			11.55	11.55	
3	卡尔却卡—吐鲁格	卡而却卡	2.07	6.68	7.83	
4	雅西错—巴子公涌			7.50	7.50	
5	错玛错—尕日阿错			6.04	6.04	
6	乌龙滩—热水	热水、哈陇休玛	2.11	2.64	4.26	4.43
7	吉吉陇巴			2.51	2.51	
8	大格勒沟西—清水河			1.46	2.50	
9	祁家—虎达			1.33	2.10	2.10
10	约改			1.71		
11	扎格涌			1.29		
12	拉陵灶火中游		0.77	0.35	0.52	
13	塔吾让—拿东			0.28	0.49	
14	达热尔—克合特			0.32	0.32	
15	哈得—特勒高勒			0.13		
16	库库额热			0.10		
17	乌拉			0.08		
18	尕努大门			0.04		
19	三道湾乌苏			0.02		

注：按 2000 米以浅预测资源量大小排序，1 万吨以上在附图 13-1 上标明。

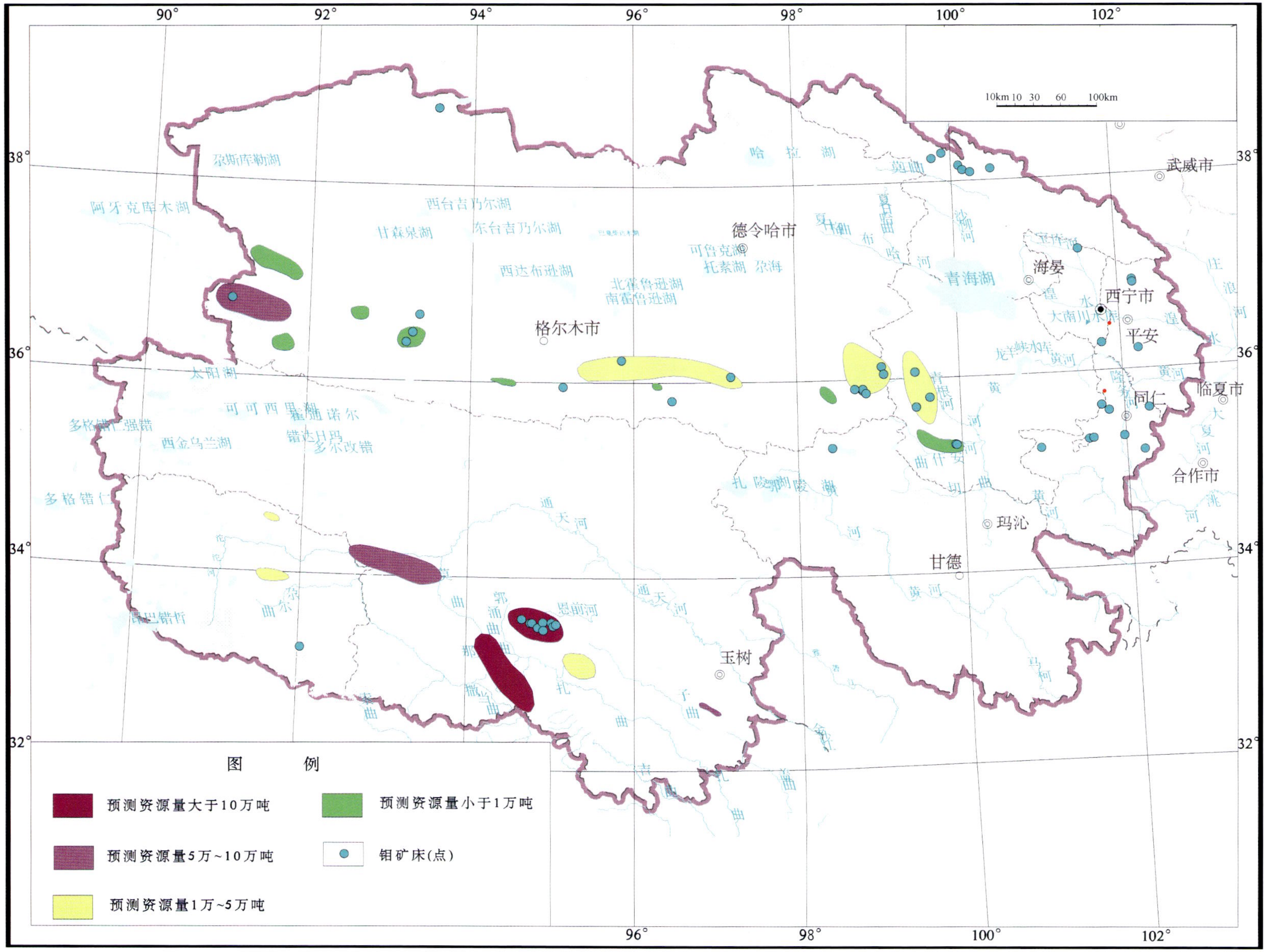

附图 13-1　青海省钼矿 2 级预测区分布图

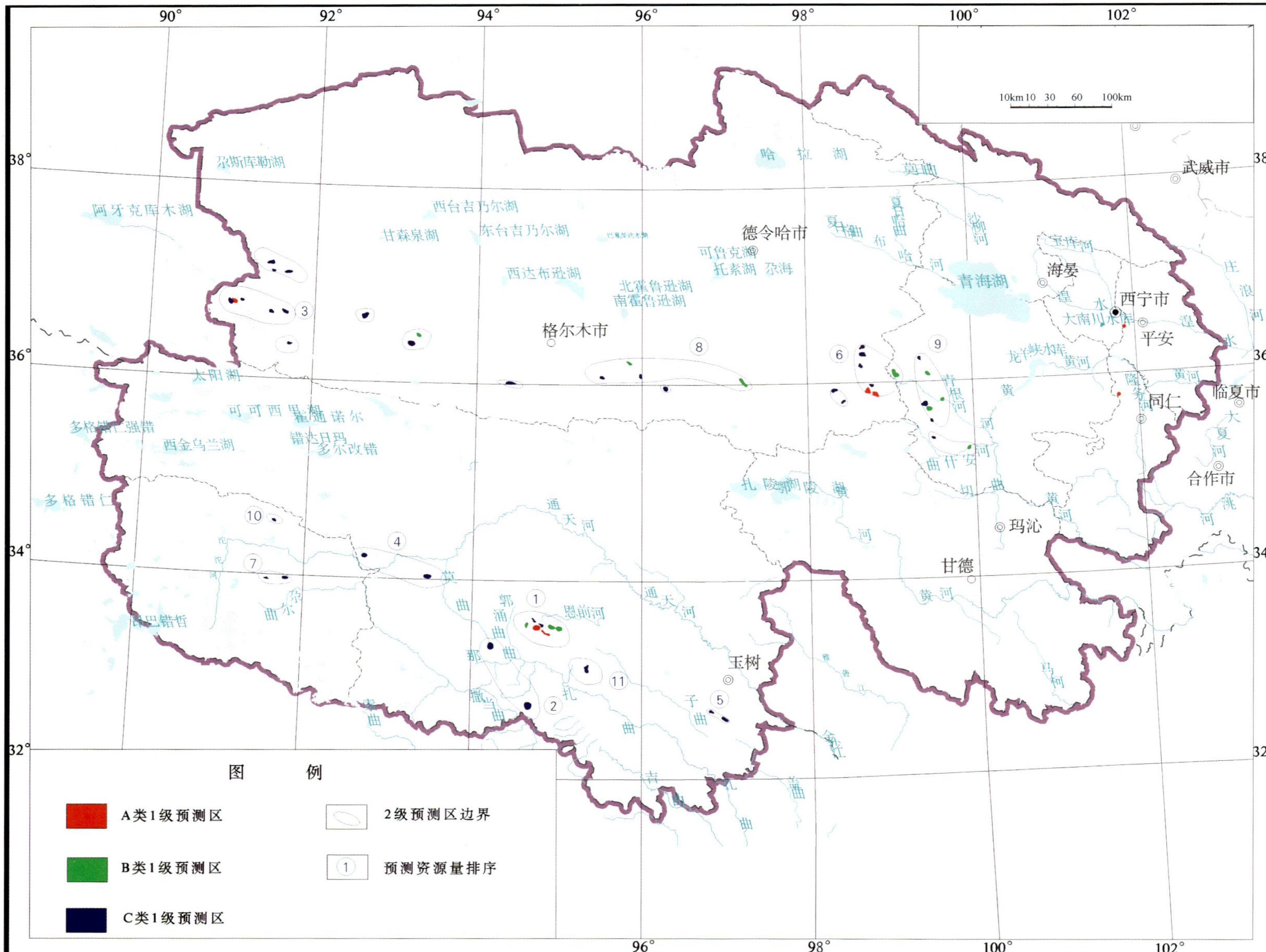

附图 13-2 青海省钼矿省级预测成果分布图

第十四章　陕西省钼矿资源潜力评价与选区研究

一、概述

陕西省钼矿主要分布于小秦岭地区和宁陕—镇安地区，主要矿床类型为斑岩型、热液脉型、矽卡岩型和沉积型。

陕西省钼矿总资源量为279.01万吨，其中累计查明钼资源储量98.46万吨，预测钼资源量180.55万吨。预测钼资源量中，按不同预测深度分类统计：500米以浅钼资源量150.87万吨，1000米以浅钼资源量180.55万吨，2000米以浅钼资源量180.55万吨；按不同地质可靠程度分类统计：334-1钼资源量18.55万吨，334-2钼资源量32.47万吨，334-3钼资源量129.53万吨；目前经济技术条件下，可利用的钼资源量18.55万吨。

陕西省钼矿预测工作，全省累计圈定了26个1级预测区和19个2级预测区。

二、累计查明资源储量

截至2012年底，陕西省钼累计查明资源储量98.46万吨，预测钼资源量180.55万吨。

三、不同预测深度预测资源量

陕西省钼矿预测资源量按深度分类统计如下500米以浅钼资源量150.87万吨，1000米以浅钼资源量180.55万吨，2000米以浅钼资源量180.55万吨（见图14-1）。

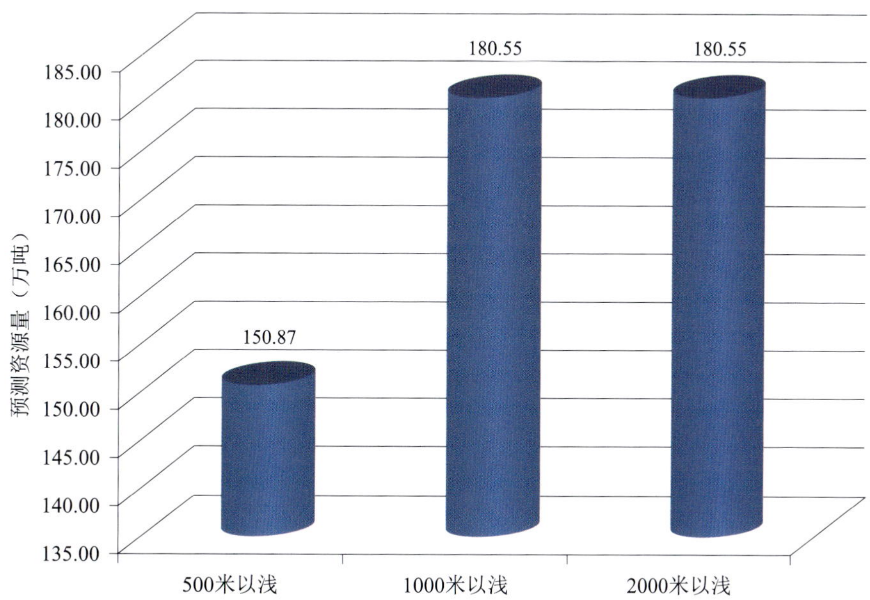

图14-1　陕西省钼矿不同预测深度预测资源量对比图

四、不同地质可靠程度预测资源量

陕西省钼矿预测资源量按地质可靠程度分类统计如下：334-1 钼资源量 18.55 万吨，334-2 钼资源量 32.47 万吨，334-3 钼资源量 129.53 万吨（见图 14-2）。

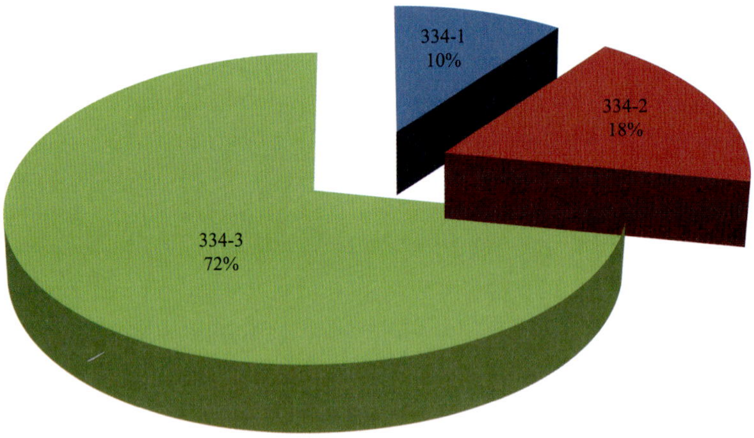

图 14-2　陕西省钼矿不同地质可靠程度预测资源量比例图

五、不同利用程度预测资源量

陕西省钼矿预测资源量按地质可靠程度分类统计如下：目前经济技术条件下，可利用的钼资源量 18.55 万吨、不可利用 162.00 万吨（见图 14-3）。

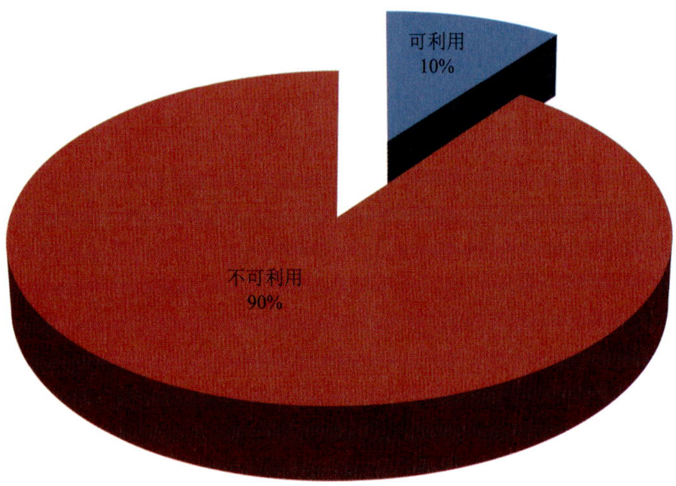

图 14-3　陕西省钼矿不同利用程度预测资源量比例图

六、2 级预测区简述

陕西省钼矿归并的 2 级预测区中，大于 10 万吨的 6 个，5 万～10 万吨的 3 个，1 万～5 万吨的 3 个，小于 1 万吨的 7 个；大于 5 万吨的钼矿预测区主要分布在金堆城—黄龙铺、蟒岭西端和宁陕县旬阳坝地区（见附图 14-1、附图 14-2、附图 14-3、附表 14-1）。

附表 14-1　陕西省钼矿 2 级预测区一览表

序号	2 级预测区名称	A 类 1 级预测区名称	累计查明资源储量（金属量，万吨）	预测资源量（金属量，万吨）		
				500 米以浅	1000 米以浅	2000 米以浅
1	金堆城	金堆城	96. 97	40. 86	68. 21	
2	静峪脑			25. 74		
3	小川乡		0. 22	18. 08		
4	黄沙岭			10. 90	12. 86	
5	崎头山		0. 89	12. 69		
6	砚池河			11. 07		
7	康家湾			8. 74		
8	核桃坪			7. 84		
9	西沟	西沟	4. 57	7. 22		
10	扇磨			2. 13		
11	陈家院			2. 09		
12	磨石口			1. 49		
13	杨湾			0. 73	0. 86	
14	垣头			0. 48	0. 57	
15	二道河			0. 31	0. 37	
16	黄龙铺	黄龙铺、石家湾	27. 70	0. 25	0. 30	
17	龙凤山			0. 24	0. 29	
18	南台		3. 10			
19	桂林沟	桂林沟	0. 33			

注：按 2000 米以浅预测资源量大小排序，5 万吨以上在附图 14-1 上标明。

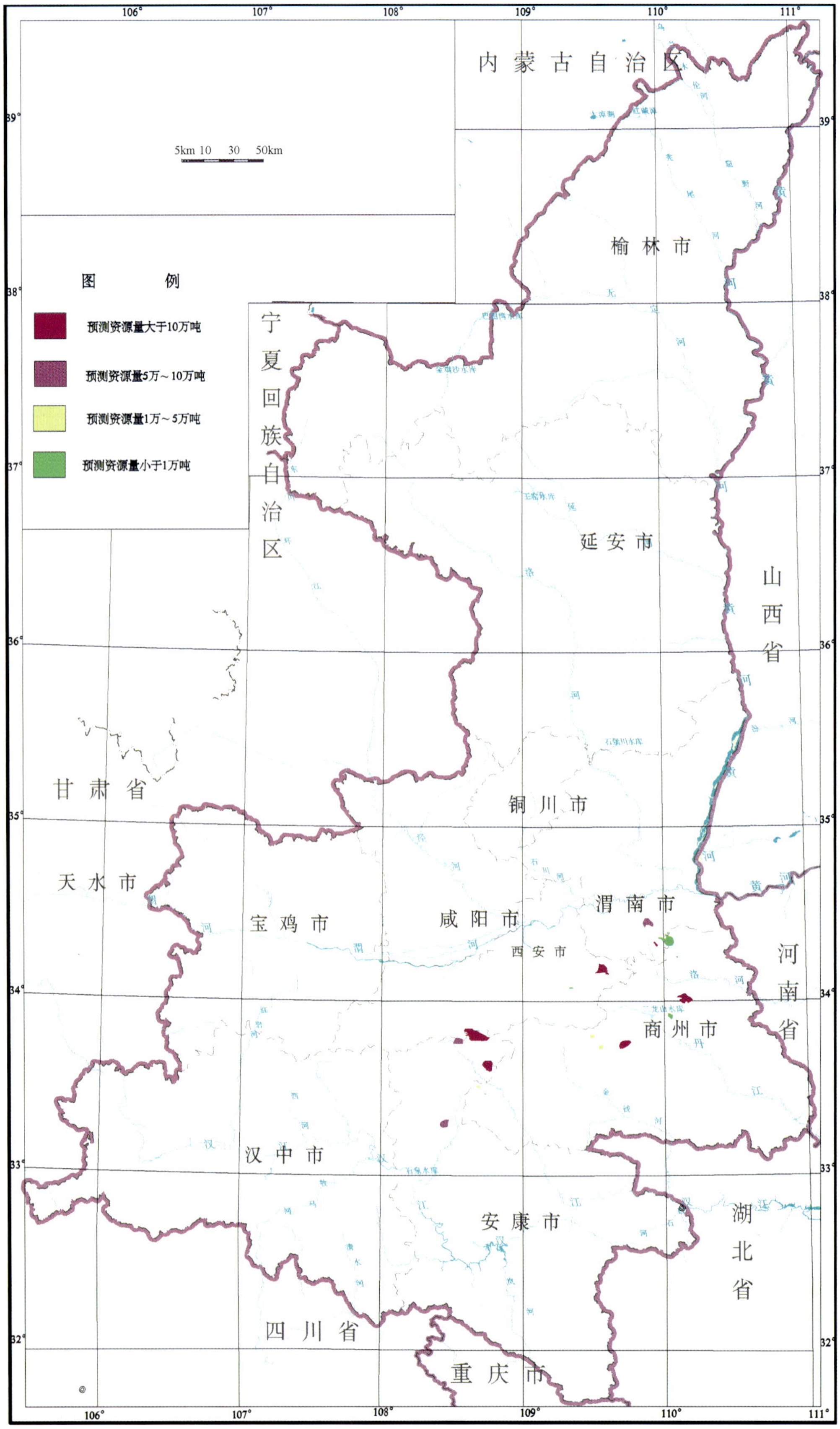

附图 14-1　陕西省钼矿 2 级预测区分布图

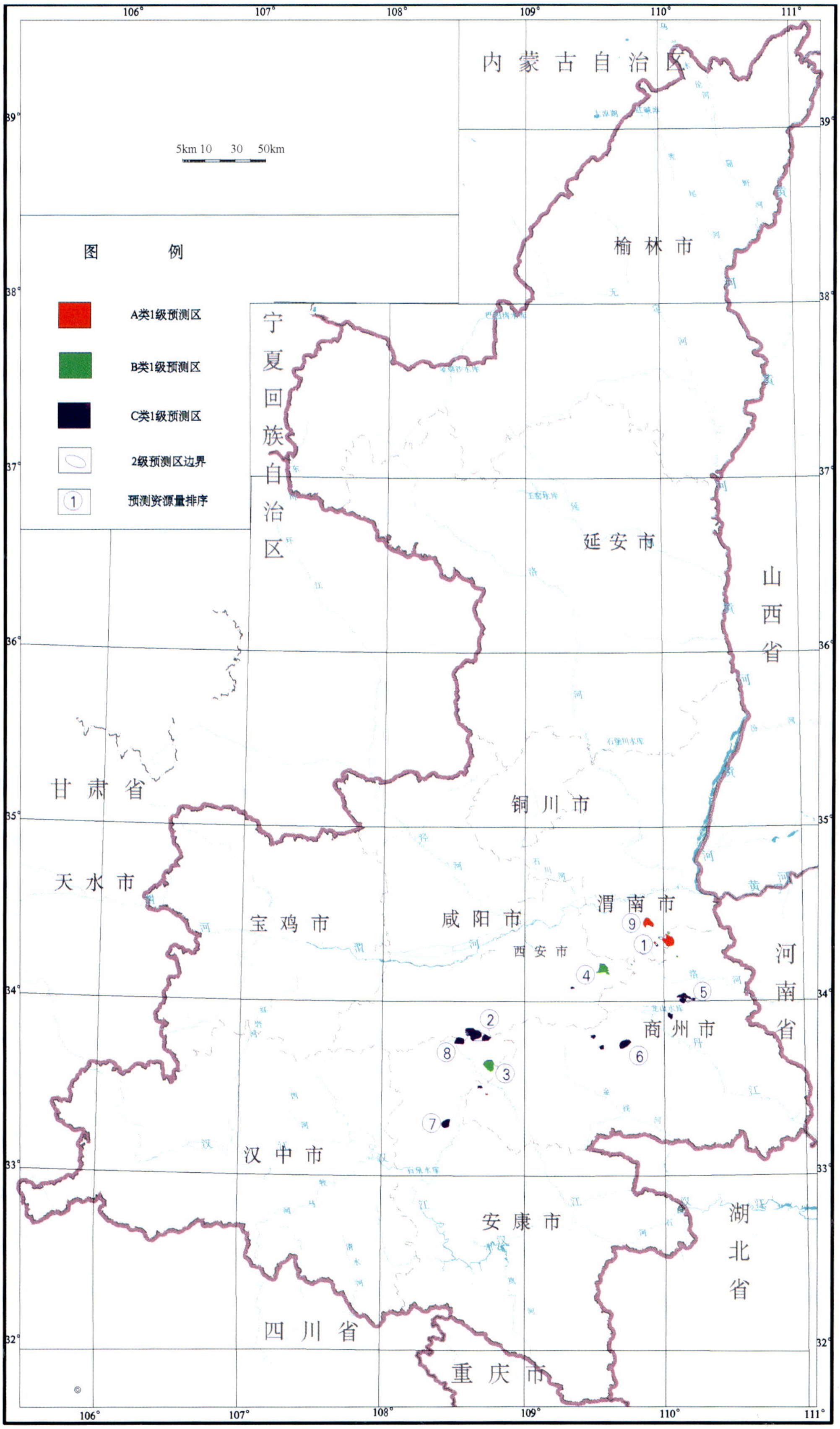

附图 14-2　陕西省钼矿省级预测成果分布图

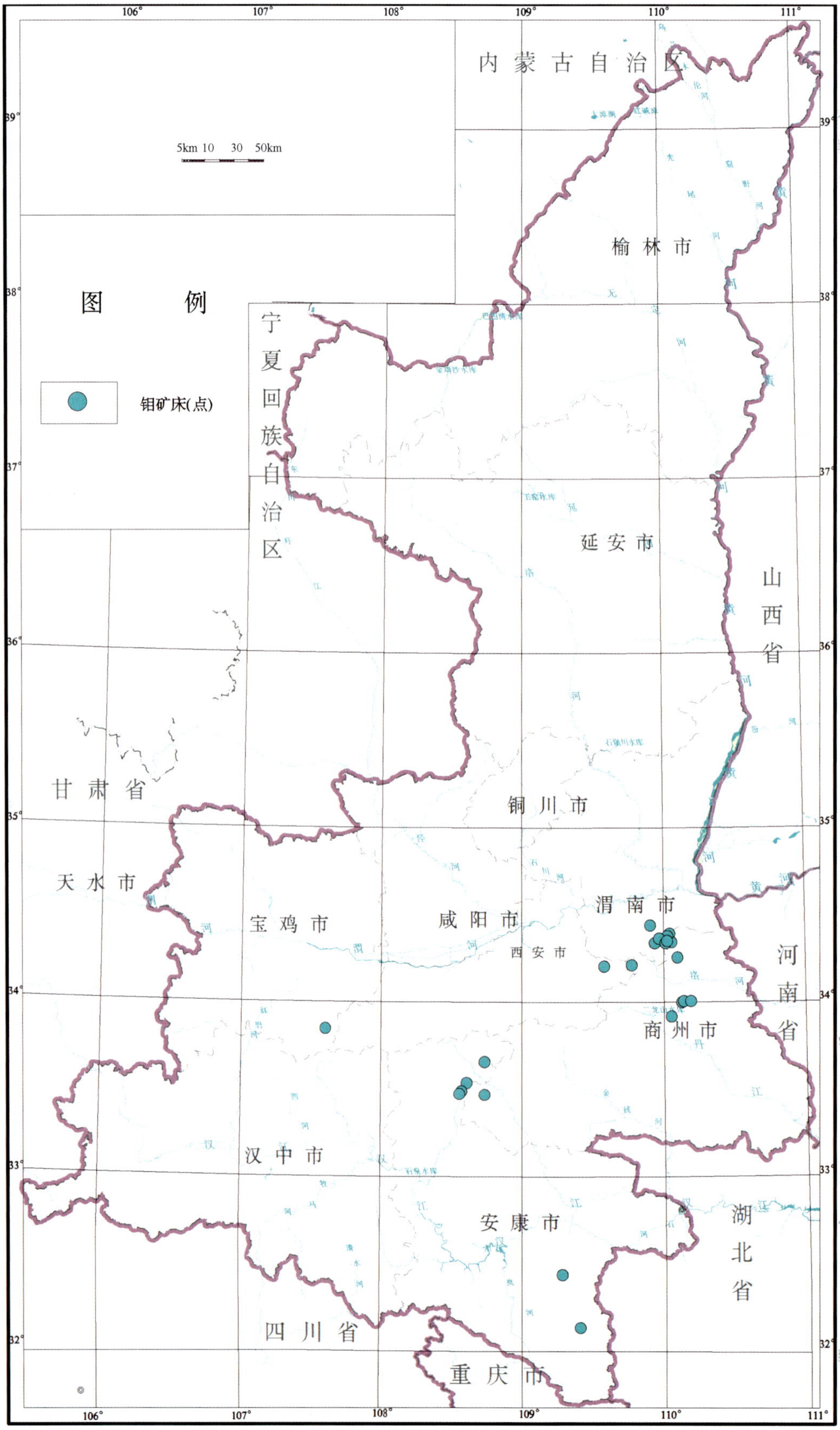

附图 14-3 陕西省钼矿矿产地分布图

第十五章　新疆维吾尔自治区钼矿资源潜力评价与选区研究

一、概述

新疆钼矿主要分布于阿尔泰山南坡、天山和阿尔金三大区域，主要矿床类型为斑岩型和矽卡岩型。

新疆钼矿总资源量为631.08万吨，其中累计查明钼资源储量58.58万吨，预测钼资源量572.50万吨。预测钼资源量中，按不同预测深度分类统计：500米以浅钼资源量275.29万吨，1000米以浅钼资源量521.94万吨，2000米以浅钼资源量572.50万吨；按不同地质可靠程度分类统计：334-1钼资源量258.96万吨，334-2钼资源量70.69万吨，334-3钼资源量242.86万吨；目前经济技术条件下，可利用的钼资源量539.91万吨。

新疆钼矿预测工作，全区累计圈定了90个1级预测区和44个2级预测区。

二、累计查明资源储量

截至2012年底，新疆钼累计查明资源储量58.58万吨，预测钼资源量572.50万吨。

三、不同预测深度预测资源量

新疆钼矿预测资源量按深度分类统计如下：500米以浅钼资源量275.29万吨，1000米以浅钼资源量521.94万吨，2000米以浅钼资源量572.50万吨（见图15-1）。

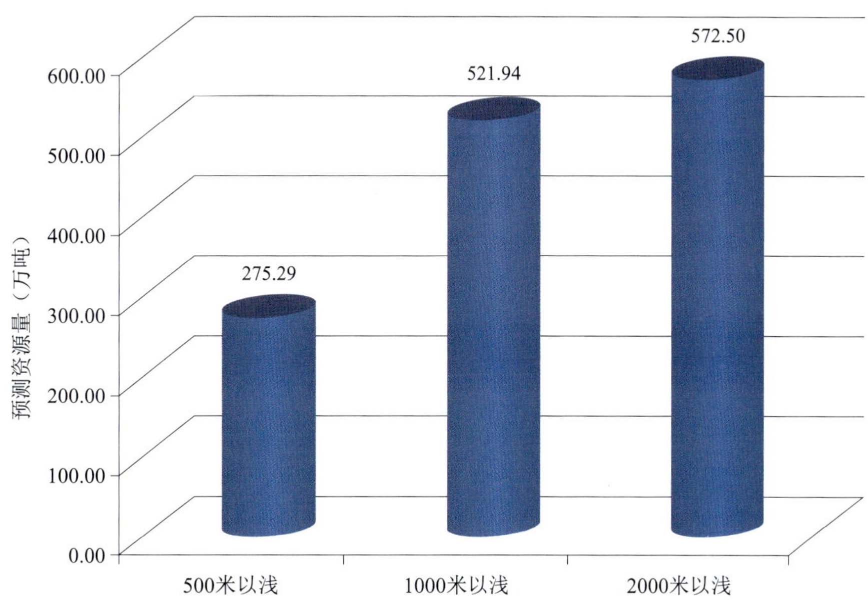

图15-1　新疆钼矿不同预测深度预测资源量对比图

四、不同地质可靠程度预测资源量

新疆钼矿预测资源量按地质可靠程度分类统计如下：334-1 钼资源量 258.96 万吨，334-2 钼资源量 70.69 万吨，334-3 钼资源量 242.86 万吨（见图 15-2）。

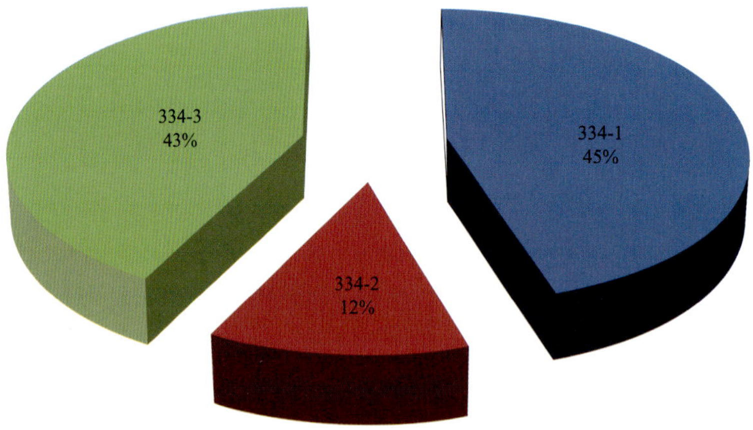

图 15-2 新疆钼矿不同地质可靠程度预测资源量比例图

五、不同利用程度预测资源量

新疆钼矿预测资源量按地质可靠程度分类统计如下：目前经济技术条件下，可利用的钼资源量 539.91 万吨、不可利用 32.60 万吨（见图 15-3）。

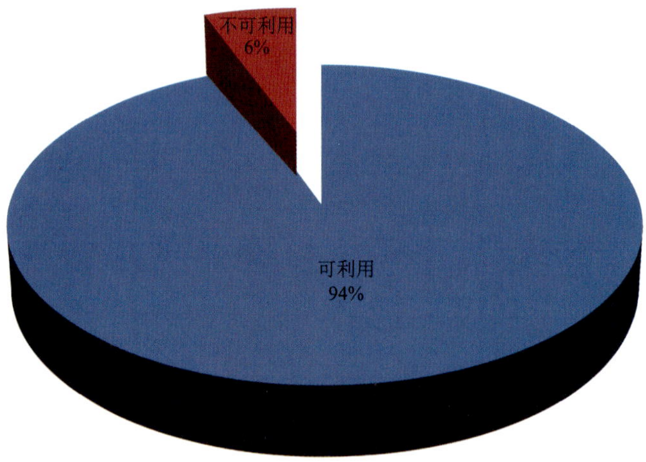

图 15-3 新疆钼矿不同利用程度预测资源量比例图

六、2 级预测区简述

新疆钼矿归并的 2 级预测区中，大于 50 万吨的 3 个，5 万~50 万吨的 13 个，1 万~5 万吨的 23 个，小于 1 万吨的 8 个；大于 5 万吨的钼矿预测区主要分布在哈密、阿勒泰、博乐、塔城及阿尔金山等地（见附图 15-1、附图 15-2、附图 15-3、附表 15-1）。

附表 15-1　新疆钼矿 2 级预测区一览表

序号	2 级预测区名称	A 类 1 级预测区名称	累计查明资源储量（金属量，万吨）	预测资源量（金属量，万吨）		
				500 米以浅	1000 米以浅	2000 米以浅
1	东戈壁	东戈壁	65.00	45.38	155.75	
2	白山南			33.16	66.33	79.60
3	白山	白山	12.03	19.98	39.96	72.94
4	玉勒肯哈腊苏	玉勒肯哈腊苏		31.84	63.76	
5	三岔口北			19.94	39.88	
6	库勒萨依	库勒萨依	15.60	22.94	22.94	
7	三岔口西			10.23	16.37	
8	布勒根			7.59	15.20	
9	三岔口南			8.40	13.44	
10	三岔口	三岔口		11.07	13.28	
11	苏云河	苏云河	1.17	9.34		
12	大平沟	大平沟南		8.77		
13	索共拜			5.60		
14	别拉格库都克			2.42	4.84	
15	喀腊大湾	喀腊大湾	0.66	4.52		
16	索尔库都克	索尔库都克	1.43	3.04	3.94	
17	科克萨依			3.34		
18	土屋延东	土屋延东、福兴	1.59	0.89	1.16	3.28
19	科沙哈拉尔			1.48	2.96	
20	吐克吐克			0.98	1.96	2.55
21	哈勒尕提	哈勒尕提	0.48	2.39	2.39	
22	塔沙哈腊			1.19	2.39	
23	北达巴特	北达巴特	0.33	2.19		
24	乌图布拉克南			1.91		
25	包古图	包古图	1.87	0.41	1.03	1.90
26	克勒南			0.66	1.33	1.73
27	乌拉斯泰			1.68		
28	东达巴特			1.61		
29	叶勒尔东			0.54	1.08	1.41
30	克尔克勒迭克西			1.34		
31	喇嘛苏	喇嘛苏	0.84	1.27		
32	夏洛尔哈达			0.59	1.18	
33	科克乔克			1.16		
34	库松木契克西			1.06		
35	萨尔绰克			1.01		
36	孜克达			0.50	1.00	
37	企鹅山			0.88	0.90	
38	奥尔塔克			0.75		
39	喀拉沟			0.73		

续表

序号	2 级预测区名称	A 类 1 级预测区名称	累计查明资源储量（金属量，万吨）	预测资源量（金属量，万吨）		
				500 米以浅	1000 米以浅	2000 米以浅
40	赤湖			0. 60	0. 69	
41	喀拉达坂			0. 67		
42	格干			0. 57		
43	且特			0. 56		
44	萨尔哈勒塔			0. 13		

注：按 2000 米以浅预测资源量大小排序，万吨以上在附图 15-1 上标明。

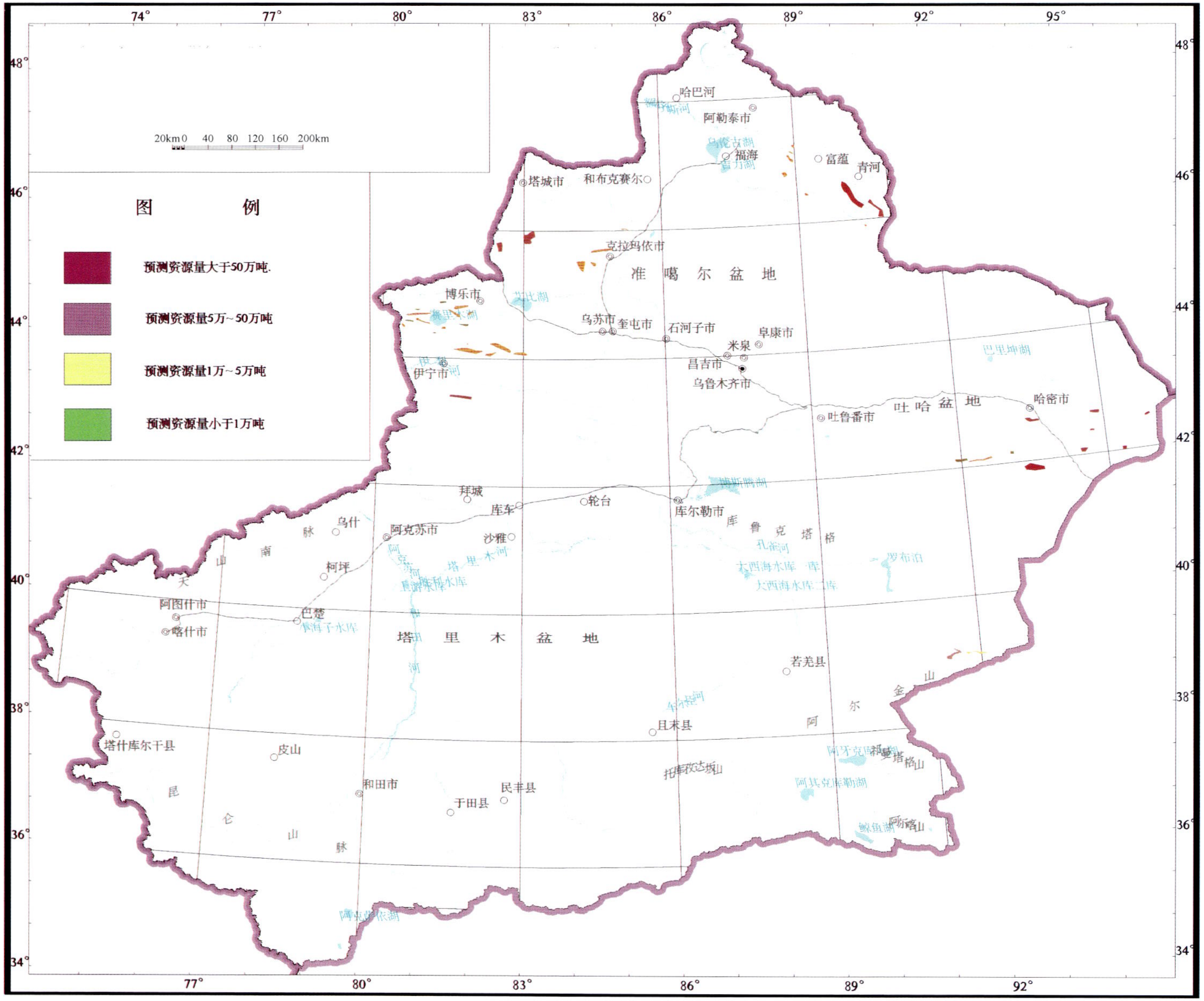

附图 15-1 新疆钼矿 2 级预测区分布图

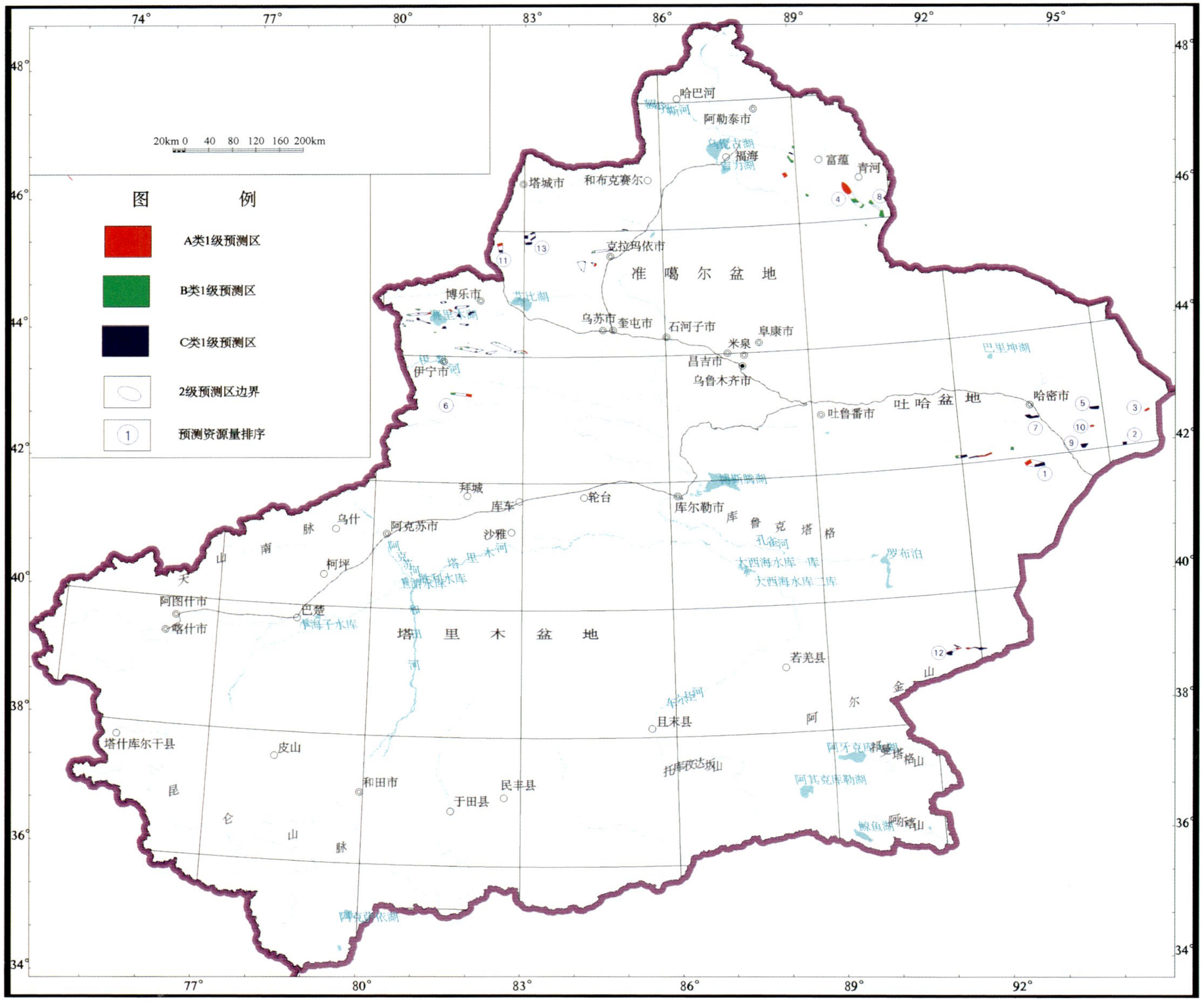

附图 15-2　新疆钼矿预测成果分布图

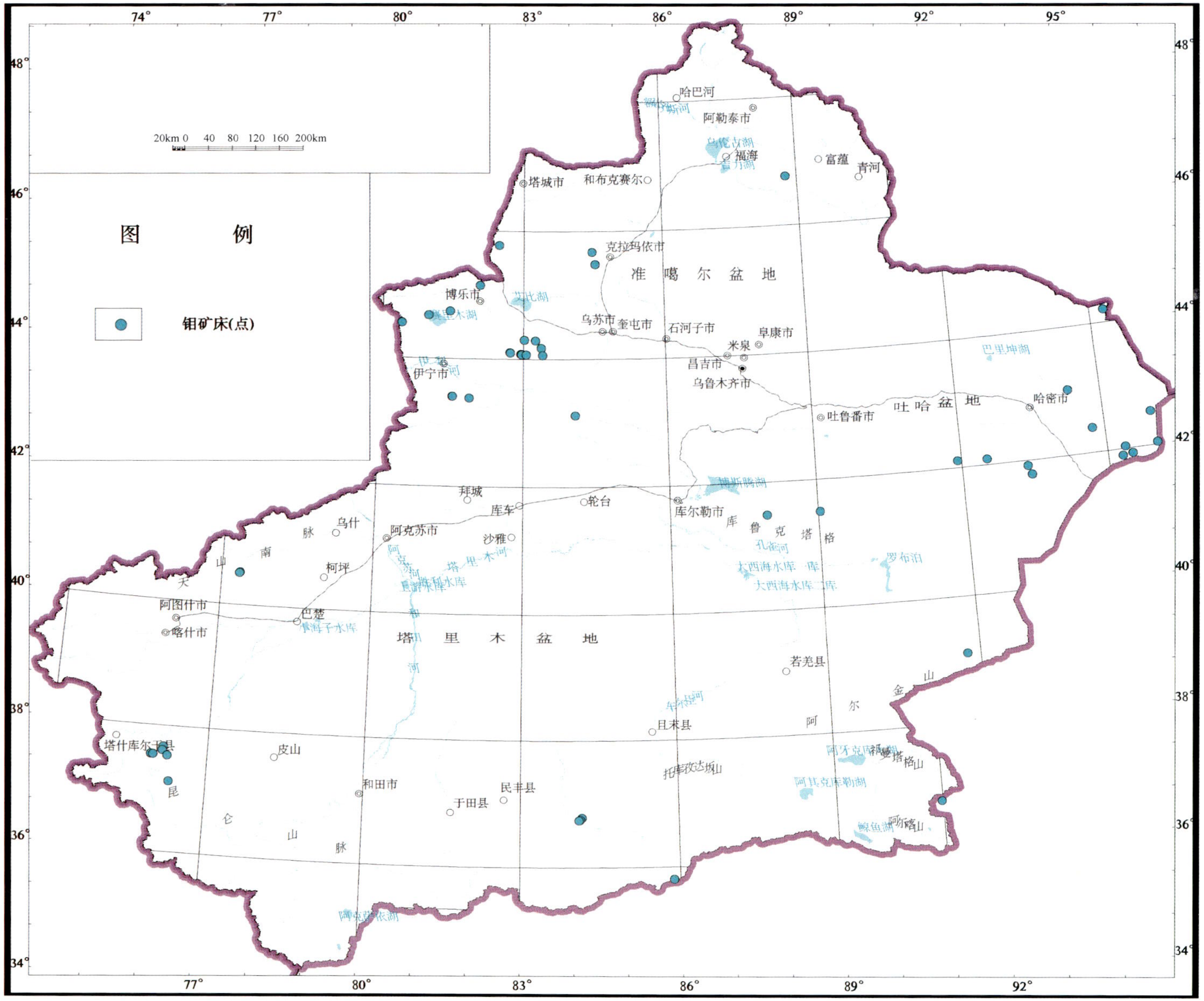

附图 15-3　新疆钼矿矿产地分布图

第十六章　西藏自治区钼矿资源潜力评价与选区研究

一、概述

西藏钼矿主要分布于冈底斯成矿带、昌都—普洱成矿带和班怒成矿带，主要矿床类型为斑岩型、矽卡岩型和热液脉型。

西藏钼矿总资源量为 827.30 万吨，其中累计查明钼资源储量 123.63 万吨，预测钼资源量 703.67 万吨。预测钼资源量中，按不同预测深度分类统计：500 米以浅钼资源量 597.31 万吨，1000 米以浅钼资源量 703.67 万吨，2000 米以浅钼资源量 703.67 万吨；按不同地质可靠程度分类统计：334-1 钼资源量 464.49 万吨，334-2 钼资源量 148.06 万吨，334-3 钼资源量 91.12 万吨；目前经济技术条件下，可利用的钼资源量 607.12 万吨。

西藏钼矿预测工作，全区累计圈定了 114 个 1 级预测区和 72 个 2 级预测区。

二、累计查明资源储量

截至 2012 年底，西藏钼累计查明资源储量 123.63 万吨，预测钼资源量 703.67 万吨。

三、不同预测深度预测资源量

西藏钼矿预测资源量按深度分类统计如下：500 米以浅钼资源量 597.31 万吨，1000 米以浅钼资源量 703.67 万吨，2000 米以浅钼资源量 703.67 万吨（见图 16-1）。

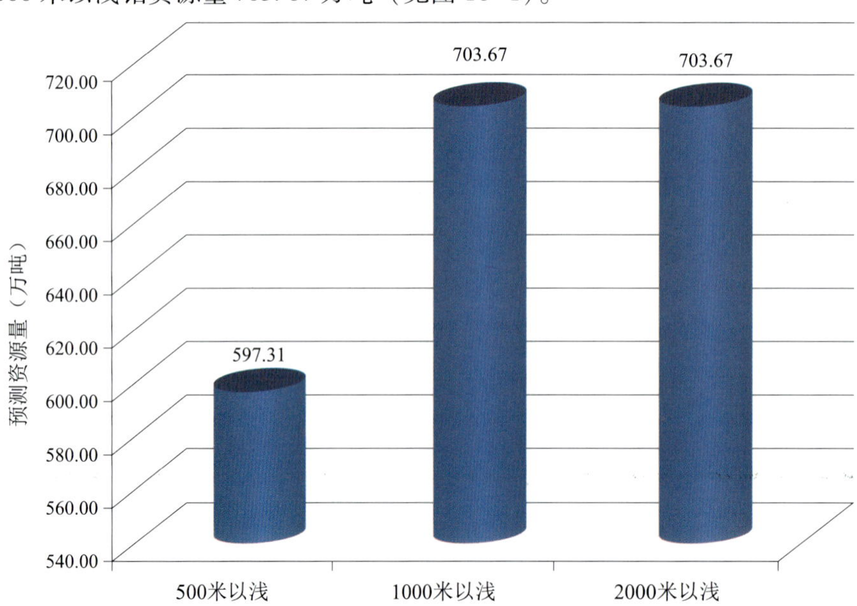

图 16-1　西藏钼矿不同预测深度预测资源量对比图

四、不同地质可靠程度预测资源量

西藏钼矿预测资源量按地质可靠程度分类统计如下：334-1 钼资源量 464.49 万吨，334-2 钼资源量 148.06 万吨，334-3 钼资源量 91.12 万吨（见图 16-2）。

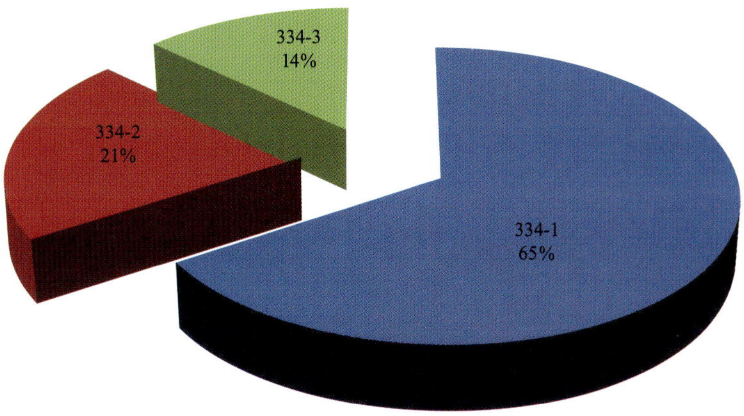

图 16-2　西藏钼矿不同地质可靠程度预测资源量比例图

五、不同利用程度预测资源量

西藏钼矿预测资源量按地质可靠程度分类统计如下：目前经济技术条件下，可利用的钼资源量 607.12 万吨、不可利用 96.56 万吨（见图 16-3）。

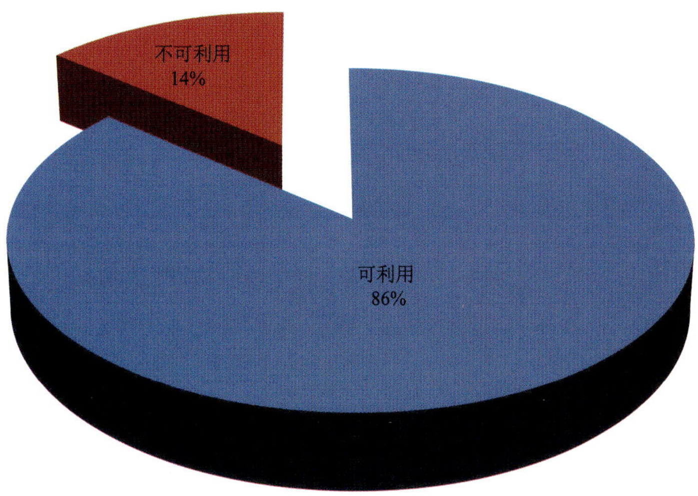

图 16-3　西藏钼矿不同利用程度预测资源量比例图

六、2 级预测区简述

西藏钼矿归并的 2 级预测区中，大于 30 万吨的 7 个，10 万~30 万吨的 11 个，3 万~10 万吨的 23 个，小于 3 万吨的 31 个；大于 10 万吨的钼矿预测区主要分布在墨竹工卡县、桑日县和工布江达县（见附图 16-1、附图 16-2、附图 16-3、附表 16-1）。

附表 16-1　西藏钼矿 2 级预测区一览表

序号	2 级预测区名称	A 类 1 级预测区名称	累计查明资源储量（金属量，万吨）	预测资源量（金属量，万吨）		
				500 米以浅	1000 米以浅	2000 米以浅
1	驱龙	朵那寨、甲玛	49.54	71.77	92.90	
2	岗讲		1.28	33.15	43.02	
3	玉龙	玉龙、玉龙北	40.74	28.40	40.40	
4	听格腊雄东	隆桑、德明顶、吹败子		31.91	39.97	
5	达布			25.13	34.58	
6	沙让	沙让、亚贵拉	3.50	27.78	31.41	
7	邦铺	邦铺	52.81	18.40	31.23	
8	汤不拉	汤不拉	3.34	17.63	28.20	
9	多霞松多	多霞松多、马拉松多	5.17	18.00	26.56	
10	扎那尕	扎那尕、莽总	2.59	13.78	23.59	
11	甲拉	伊顶		23.47		
12	扎西北	鸡公村	0.12	22.74		
13	波瓦			21.28		
14	恩里曲波			20.58		
15	工布江达县南西			18.73		
16	岗多南东			17.41		
17	波波罗达			16.35		
18	桑日县	程巴	4.81	9.61	10.06	
19	多青岗	多青岗		9.42		
20	里龙村			9.16		
21	拥多岗东			8.74		
22	塔弄拉			8.01		
23	夏日多	夏日多		7.76		
24	达果盆东			7.18		
25	尼玛龙多			6.15		
26	拉荣	拉荣	1.96	5.96		
27	金布拱	真蔗容		5.88		
28	拉鲁过村			5.66		
29	虾嘎拉母			5.60		
30	达木嘎			5.25		
31	比给北东			5.22		
32	下爬扎			4.97		
33	巴龙日			4.83		
34	龙桑王马南			4.69		
35	阿母加布	阿母加布、肯金勒南东		4.62		
36	墨多塘			4.50		
37	洛荣			4.01		
38	叶巴村	东西拉		3.28		
39	恒星错			3.23		

续表

序号	2 级预测区名称	A 类 1 级预测区名称	累计查明资源储量（金属量，万吨）	预测资源量（金属量，万吨）		
				500 米以浅	1000 米以浅	2000 米以浅
40	查那			3. 20		
41	楚桑			3. 12		
42	吉如	吉如	0. 25	2. 94		
43	布美村			2. 84		
44	多里果	多里果		2. 22		
45	羊易村	松多、达布、席卡、乃琼		2. 13		
46	加嘎阿巴			1. 76		
47	井巴			1. 59		
48	仁钦则			1. 55		
49	赤康村			1. 47		
50	程巴北			1. 44		
51	知的公			1. 25		
52	努日	努日	2. 37	1. 21	1. 23	
53	十九道班			1. 22		
54	维贡村			1. 04		
55	郭穷			0. 84		
56	沙瓦东			0. 84		
57	江底竹卡南东			0. 83		
58	布美村			0. 76		
59	扎西			0. 70		
60	七列果			0. 53		
61	定贡岗村东			0. 53		
62	拉工西			0. 53		
63	曲登乡			0. 40		
64	甲岗	甲岗	0. 05	0. 37		
65	洛村			0. 36		
66	纳布勒			0. 30		
67	娘吉村北			0. 29		
68	结沙			0. 20		
69	支巴村	白容、冲江、岗讲、厅宫、总训		0. 20		
70	普村			0. 19		
71	巴拉北东			0. 17		
72	阿央拉			0. 06		

注：按 2000 米以浅预测资源量大小排序，10 万吨以上在附图 16-1 上标明。

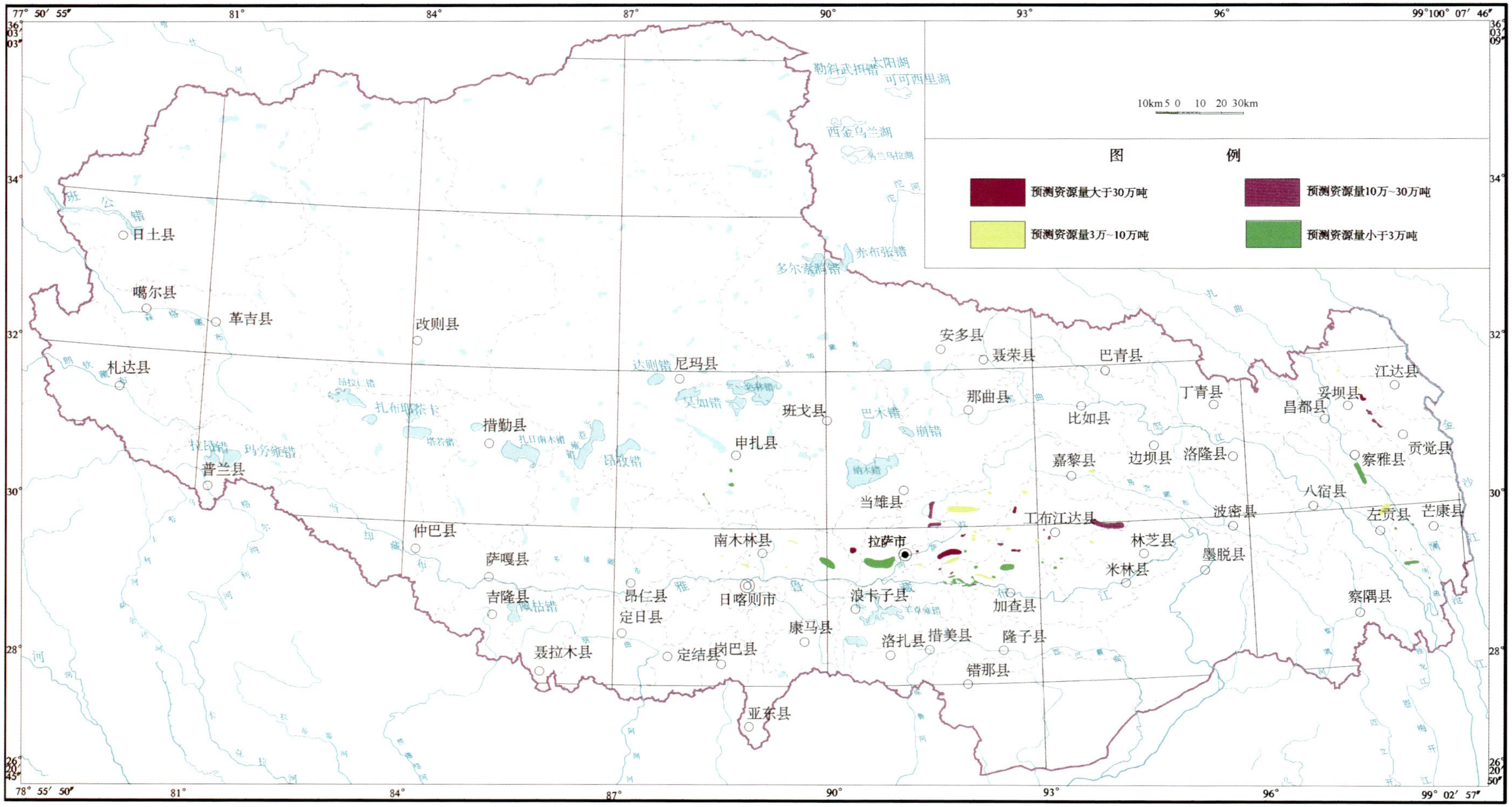

附图 16-1　西藏钼矿 2 级预测区分布图

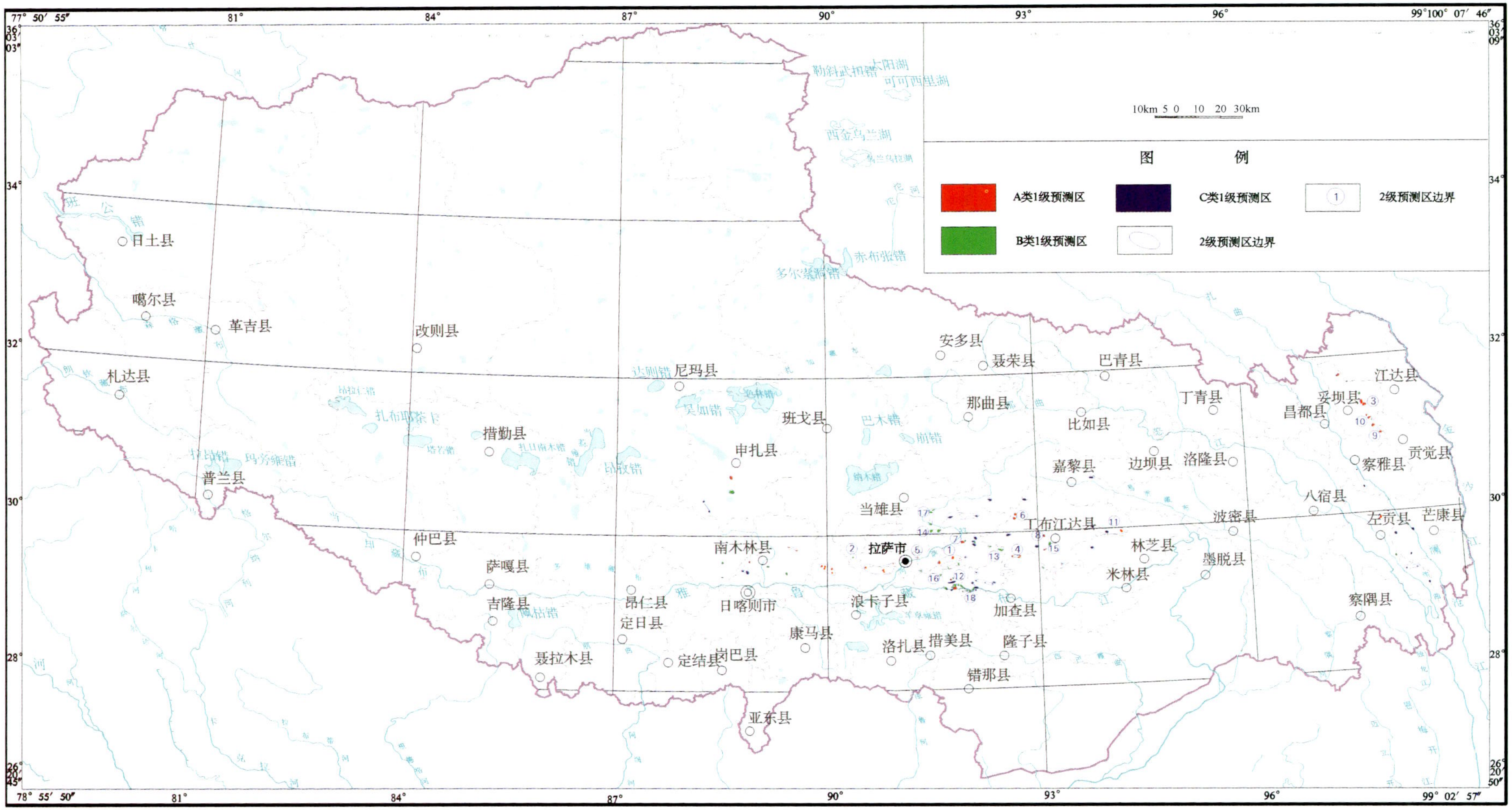

附图 16-2 西藏钼矿预测成果分布图

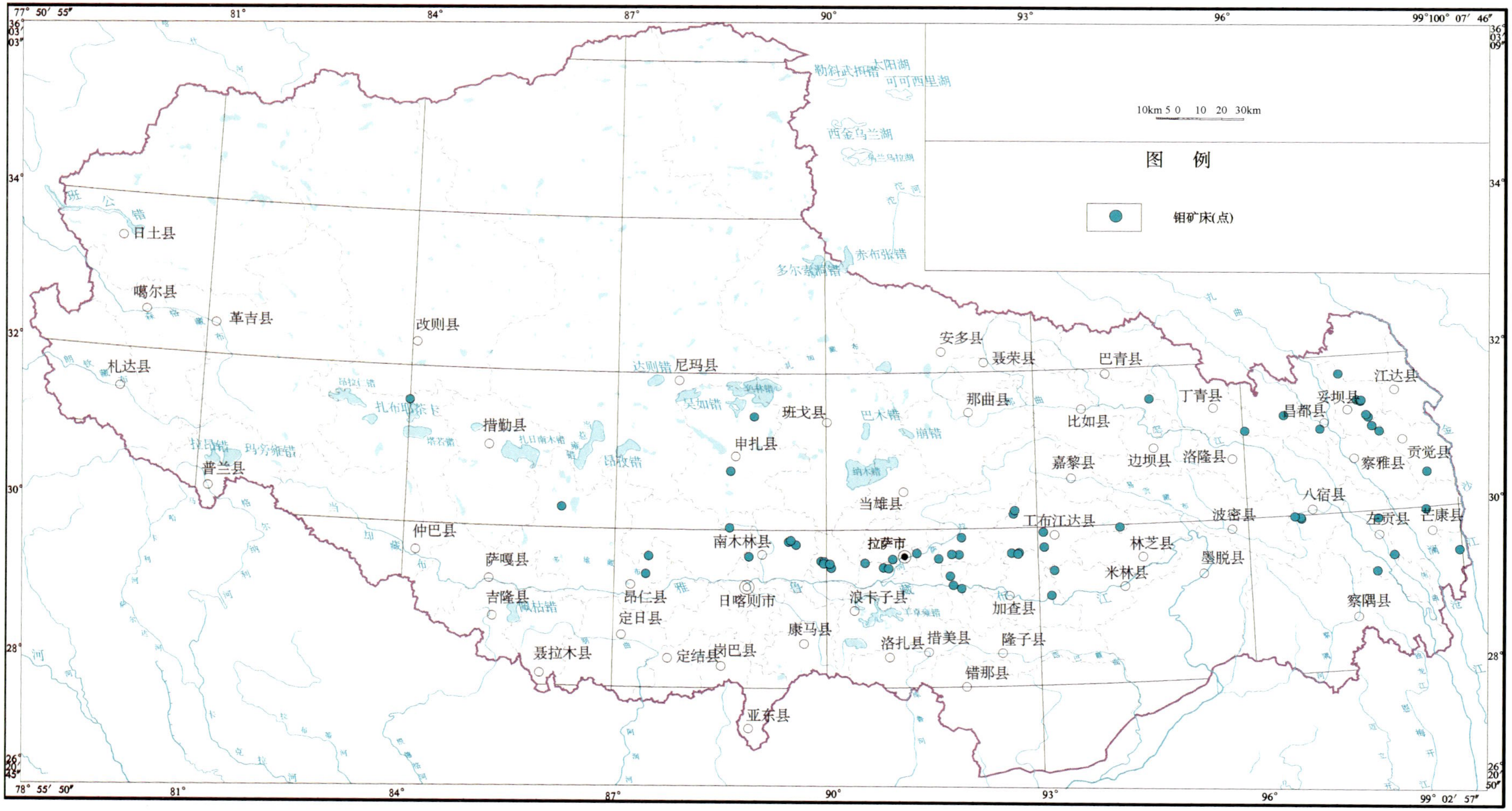

附图 16-3　西藏钼矿矿产地分布图

第十七章　云南省钼矿资源潜力评价与选区研究

一、概述

云南省钼矿主要分布于香格里拉县、大理白族自治州祥云县及红河州金平县等地区，主要矿床类型为斑岩型、矽卡岩型、岩浆热液型和热液脉型。

云南省钼矿总资源量为297.63万吨，其中累计查明钼资源储量22.11万吨，预测钼资源量275.52万吨。预测钼资源量中，按不同预测深度分类统计：500米以浅钼资源量69.67万吨，1000米以浅钼资源量177.57万吨，2000米以浅钼资源量275.52万吨；按不同地质可靠程度分类统计：334-1钼资源量274.00万吨，334-2钼资源量0万吨，334-3钼资源量1.52万吨；目前经济技术条件下，预测的钼资源量275.52万吨，均可利用。

云南省钼矿预测工作，全省累计圈定了11个1级预测区和8个2级预测区。

二、累计查明资源储量

截至2012年底，云南省钼累计查明资源储量22.11万吨，预测钼资源量275.52万吨。

三、不同预测深度预测资源量

云南省钼矿预测资源量按深度分类统计如下：500米以浅钼资源量69.67万吨，1000米以浅钼资源量177.57万吨，2000米以浅钼资源量275.52万吨（见图17-1）。

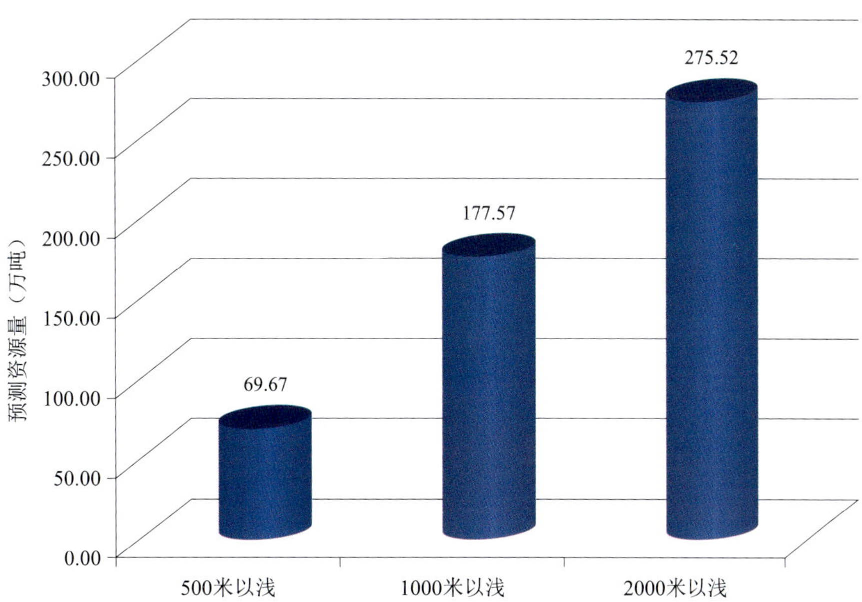

图17-1　云南省钼矿不同预测深度预测资源量对比图

四、不同地质可靠程度预测资源量

云南省钼矿预测资源量按地质可靠程度分类统计如下：334-1 钼资源量 274.00 万吨，334-2 钼资源量 0 万吨，334-3 钼资源量 1.52 万吨（见图 17-2）。

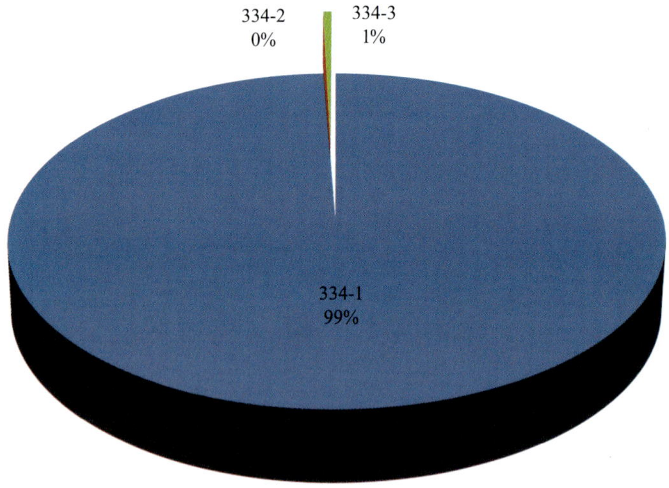

图 17-2　云南省钼矿不同地质可靠程度预测资源量比例图

五、不同利用程度预测资源量

云南省钼矿预测资源量按地质可靠程度分类统计如下：目前经济技术条件下，预测的钼资源量 275.52 万吨，均可利用（见图 17-3）。

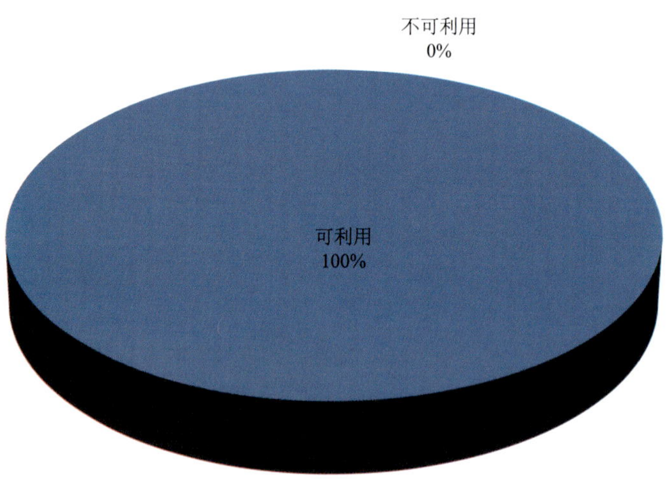

图 17-3　云南省钼矿不同利用程度预测资源量比例图

六、2 级预测区简述

云南省钼矿归并的 2 级预测区中，大于 100 万吨的 1 个，50 万～100 万吨的 1 个，20 万～50 万吨 0 个，10 万 ~20 万吨的 4 个，5 万 ~10 万吨的 2 个；主要分布在香格里拉县、大理白族自治州祥云县及红河州金平县等地（见附图 17-1、附图 17-2、附表 17-1）。

附表 17-1　云南省钼矿 2 级预测区一览表

序号	2 级预测区名称	A 类 1 级预测区名称	累计查明资源储量（金属量，万吨）	预测资源量（金属量，万吨）		
				500 米以浅	1000 米以浅	2000 米以浅
1	澜沧县老厂预测区	老厂			72.64	145.28
2	香格里拉县铜厂沟预测区	铜厂沟		17.72	35.44	53.16
3	祥云县马厂箐预测区	马厂箐	5.48	9.11	18.22	18.22
4	香格里拉县热林预测区	热林		16.90	16.90	16.90
5	香格里拉县红山预测区	红山	0.78	4.89	9.78	14.67
6	香格里拉县休瓦促预测区	休瓦	0.12	14.16	14.16	14.16
7	香格里拉县普朗—雪鸡坪预测区	普朗、雪鸡坪	2.94	2.71	5.42	8.13
8	金平县太阳寨—长安冲—铜厂预测区	长安冲、铜厂	0.33	4.18	5.01	5.01

注：按 2000 米以浅预测资源量大小排序，在附图 17-1 上标明。

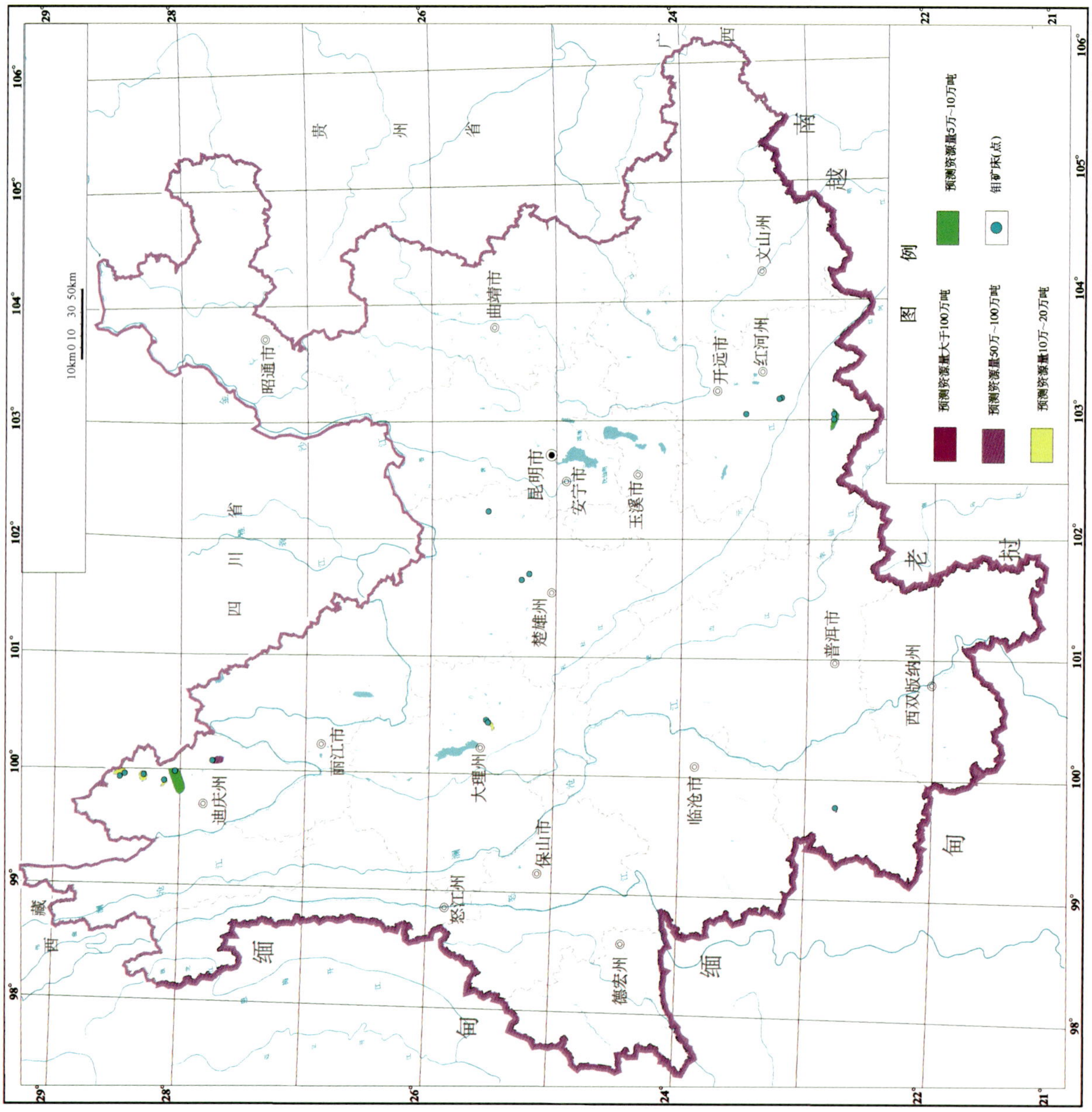

附图17-1 云南省钼矿2级预测区分布图

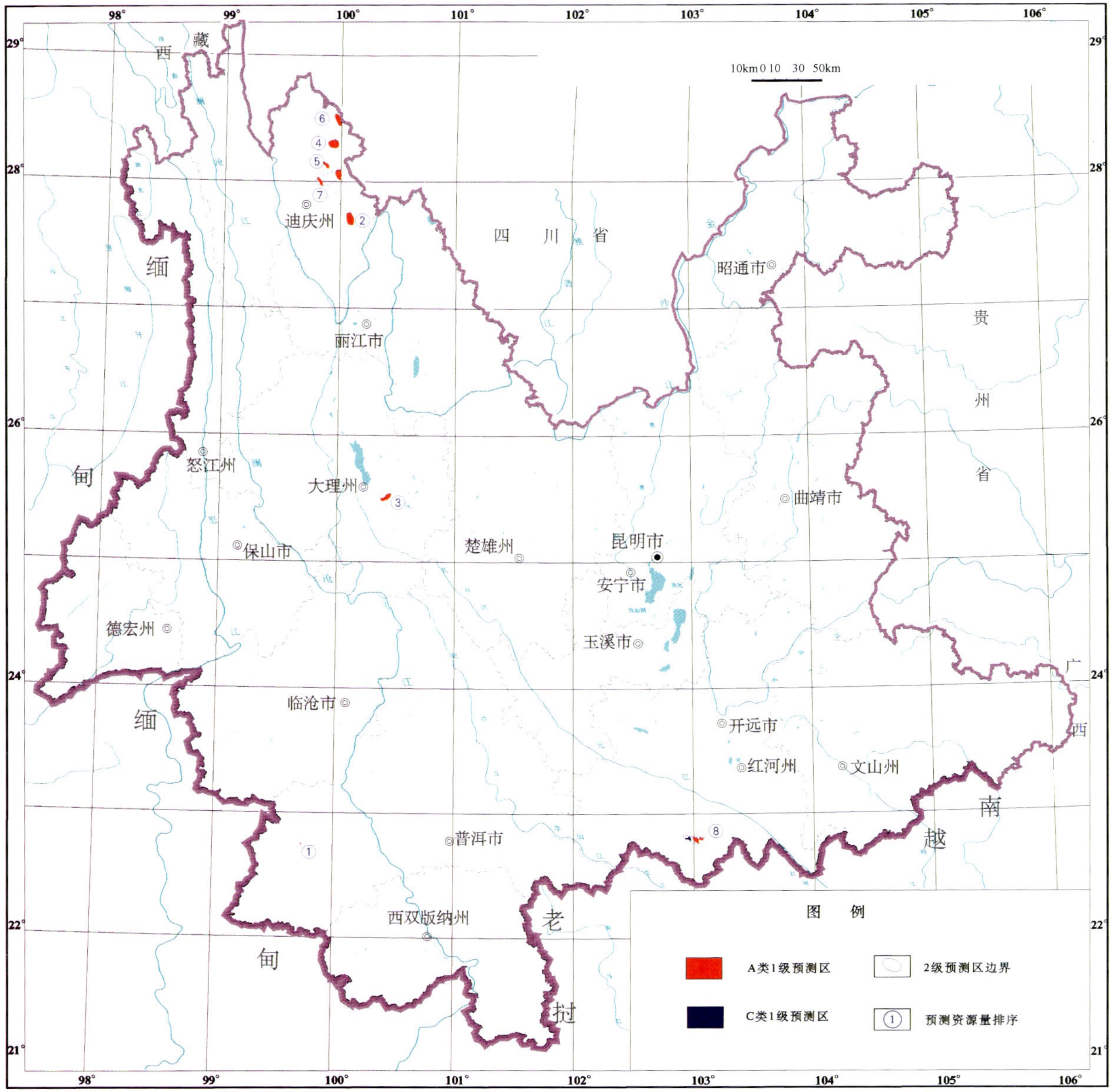

附图 17-2　云南省钼矿省级预测成果分布图

第十八章　四川省钼矿资源潜力评价与选区研究

一、概述

四川省钼矿主要伴生于牦牛坪式稀土矿和拉拉式铜矿中，主要分布于冕宁、会理地区，主要矿床类型为拉拉式火山沉积变质型铜伴生钼矿和牦牛坪式岩浆型稀土伴生钼矿2种类型。

四川省钼矿总资源量为10.11万吨，其中累计查明钼资源储量2.52万吨，预测钼资源量7.59万吨。预测钼资源量中，按不同预测深度分类统计：500米以浅钼资源量5.23万吨，1000米以浅钼资源量7.59万吨，2000米以浅钼资源量7.59万吨；按不同地质可靠程度分类统计：334-1钼资源量2.20万吨，334-2钼资源量5.08万吨，334-3钼资源量0.32万吨；目前经济技术条件下，预测的钼资源量7.59万吨，均可利用。

四川省钼矿预测工作，全省累计圈定了12个1级预测区和5个2级预测区。

二、累计查明资源储量

截至2012年底，四川省钼累计查明资源储量2.52万吨，预测钼资源量7.59万吨。

三、不同预测深度预测资源量

四川省钼矿预测资源量按深度分类统计如下：500米以浅钼资源量5.23万吨，1000米以浅钼资源量7.59万吨，2000米以浅钼资源量7.59万吨（见图18-1）。

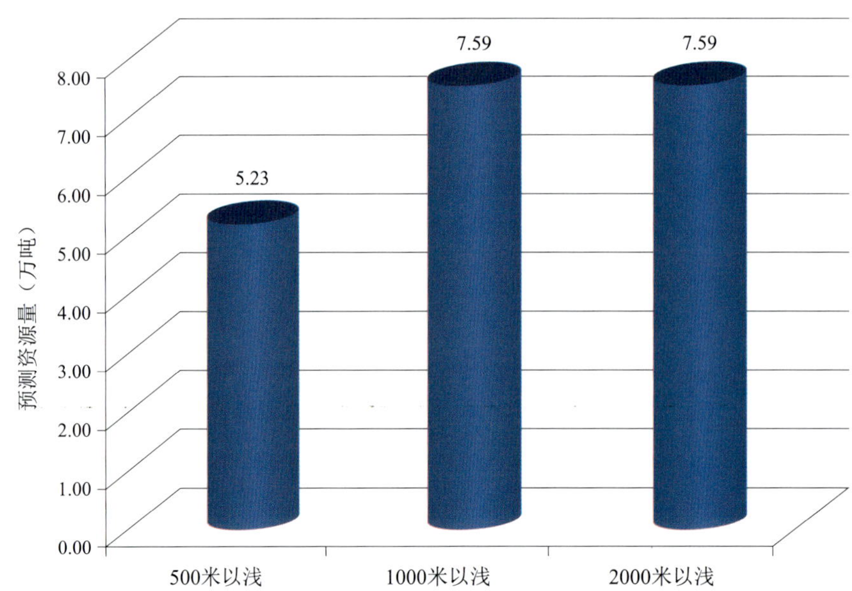

图18-1　四川省钼矿不同预测深度预测资源量对比图

四、不同地质可靠程度预测资源量

四川省钼矿预测资源量按地质可靠程度分类统计如下：334-1 钼资源量 2.20 万吨，334-2 钼资源量 5.08 万吨，334-3 钼资源量 0.32 万吨（见图 18-2）。

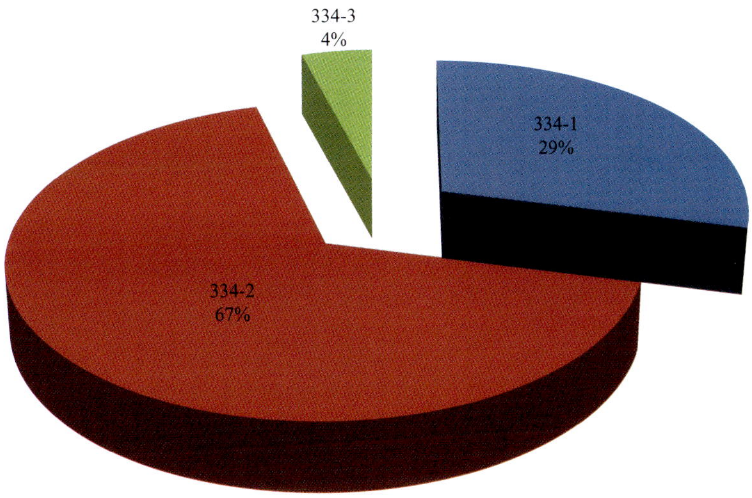

图 18-2　四川省钼矿不同地质可靠程度预测资源量比例图

五、不同利用程度预测资源量

四川省钼矿预测资源量按地质可靠程度分类统计如下：目前经济技术条件下，预测的钼资源量 7.59 万吨，均可利用（见图 18-3）。

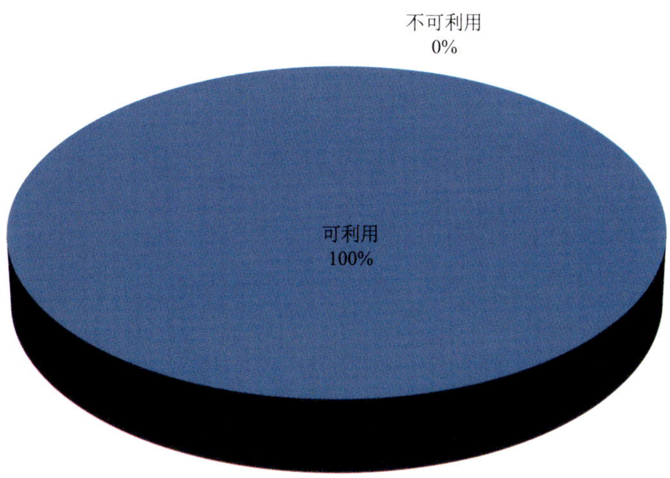

图 18-3　四川省钼矿不同利用程度预测资源量比例图

六、2 级预测区简述

四川省钼矿归并的 2 级预测区中，1 万~5 万吨的 3 个，小于 1 万吨的 2 个；主要分布在冕宁和会理地区（见附图 18-1、附图 18-2、附图 18-3、附表 18-1）。

附表 18-1　四川省钼矿 2 级预测区一览表

序号	2 级预测区名称	A 类 1 级预测区名称	累计查明资源储量（金属量，万吨）	预测资源量（金属量，万吨）		
				500 米以浅	1000 米以浅	2000 米以浅
1	冕宁牦牛坪	牦牛坪	1.42	2.08	4.44	
2	会理落凼—板山头	落凼—板山头	2.55	1.27		
3	会理红泥坡—力洪			1.17		
4	冕宁里庄			0.51		
5	冕宁木洛	碉楼山、郑家梁子		0.20		

注：按 2000 米以浅预测资源量大小排序，在附图 18-1 上标明。

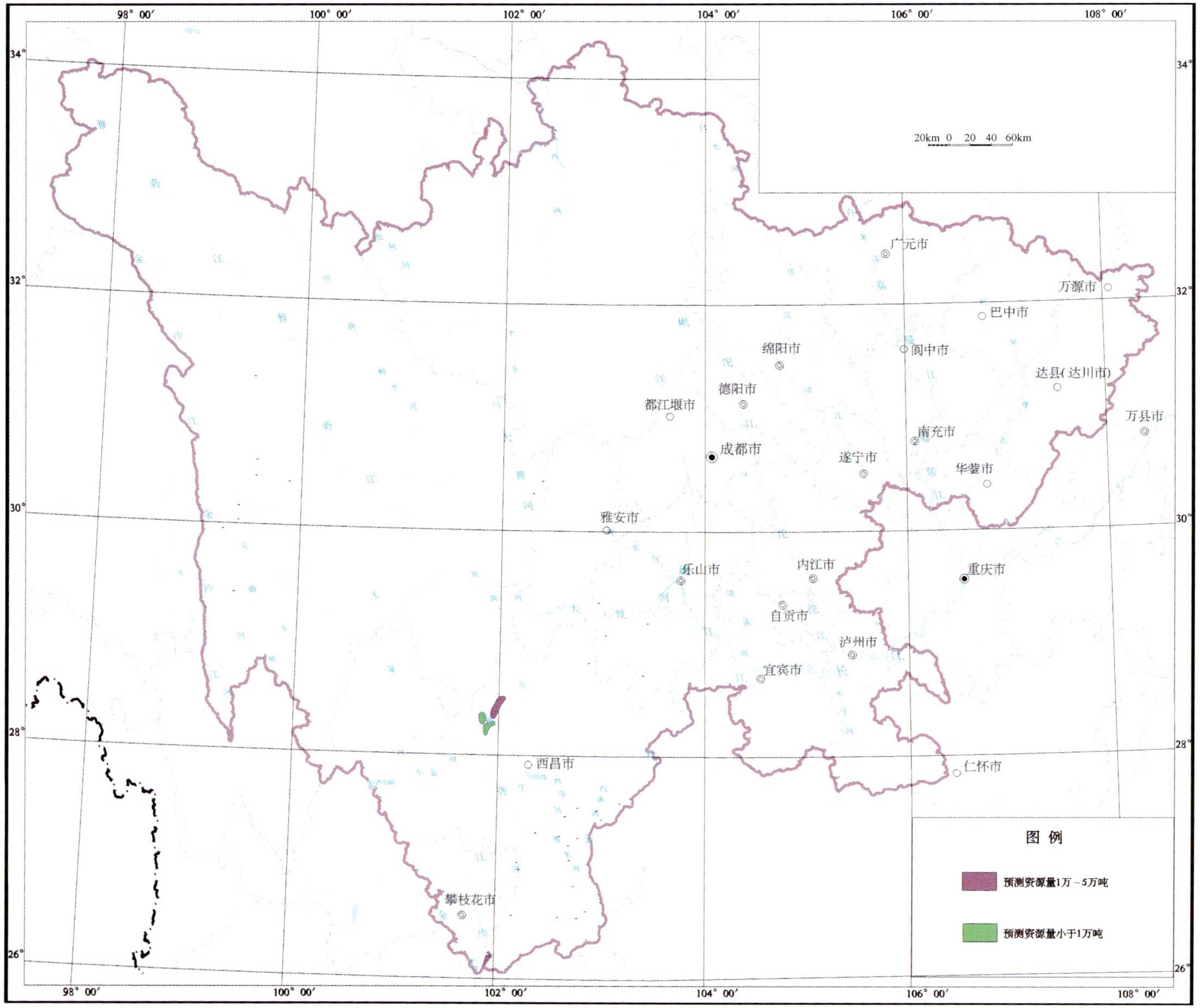

附图 18-1　四川省钼矿 2 级预测区分布图

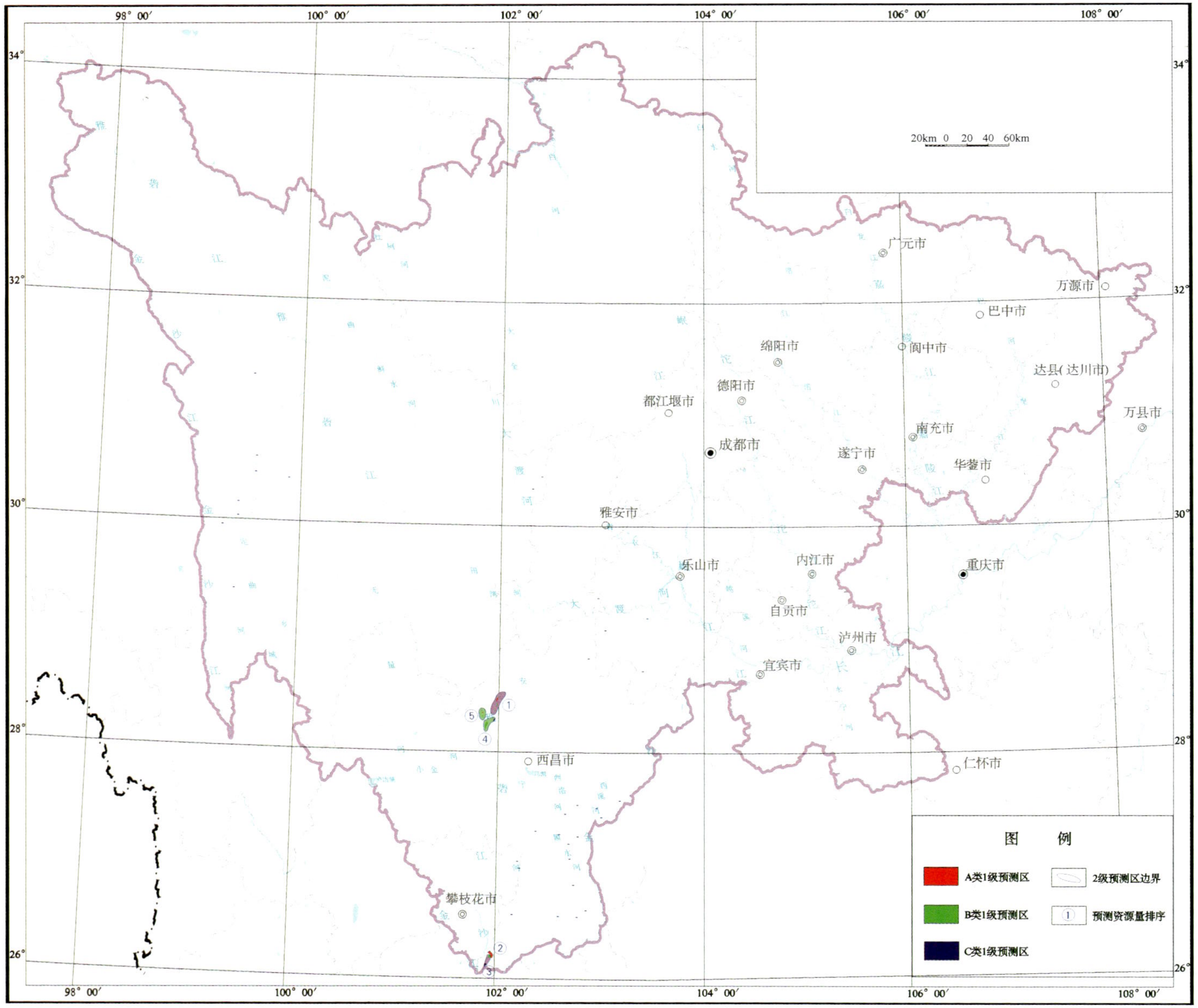

附图 18-2 四川省钼矿省级预测成果分布图

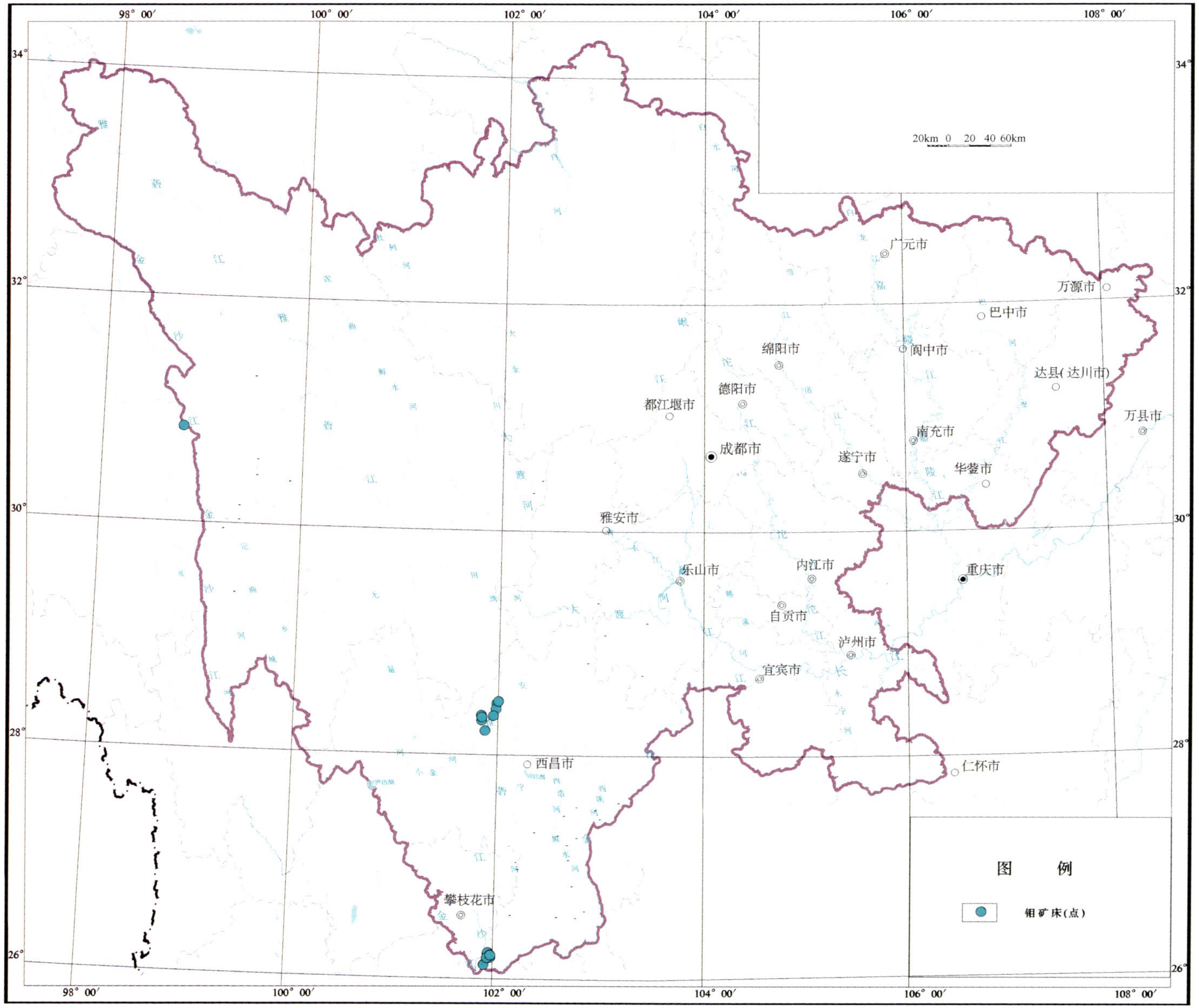

附图 18-3　四川省钼矿矿产地分布图

第十九章　重庆市钼矿资源潜力评价与选区研究

一、概述

重庆市钼矿主要分布于酉阳—秀山县的溪口和楠木一带、巫溪—云阳县以及奉节—巫山县地区，主要为海相沉积型钼矿。

重庆市钼矿总资源量为 32.50 万吨，其中累计查明钼资源储量 11.33 万吨，预测钼资源量 21.17 万吨。预测钼资源量中，按不同预测深度分类统计：500 米以浅钼资源量 9.39 万吨，1000 米以浅钼资源量 21.17 万吨，2000 米以浅钼资源量 21.17 万吨；按不同地质可靠程度分类统计：334-1 钼资源量 11.18 万吨，334-2 钼资源量 5.08 万吨，334-3 钼资源量 4.91 万吨；目前经济技术条件下，本市预测的钼资源 21.17 万吨，均不可利用。

重庆市钼矿预测工作，全市累计圈定了 15 个 1 级预测区和 6 个 2 级预测区。

二、累计查明资源储量

截至 2012 年底，重庆市钼累计查明资源储量 11.33 万吨，预测钼资源量 21.17 万吨。

三、不同预测深度预测资源量

重庆市钼矿预测资源量按深度分类统计如下：500 米以浅钼资源量 9.39 万吨，1000 米以浅钼资源量 21.17 万吨，2000 米以浅钼资源量 21.17 万吨（见图 19-1）。

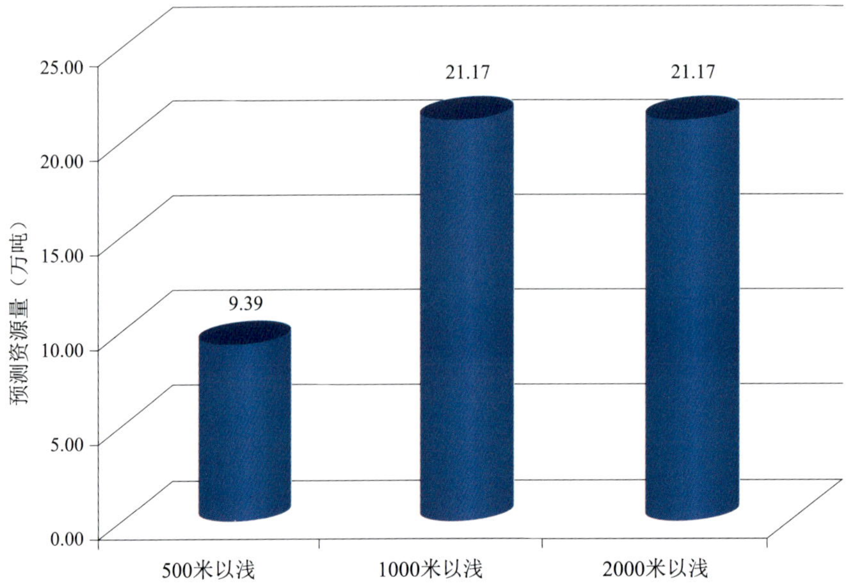

图 19-1　重庆市钼矿不同预测深度预测资源量对比图

四、不同地质可靠程度预测资源量

重庆市钼矿预测资源量按地质可靠程度分类统计如下：334-1 钼资源量 11.18 万吨，334-2 钼资源量 5.08 万吨，334-3 钼资源量 4.91 万吨（见图 19-2）。

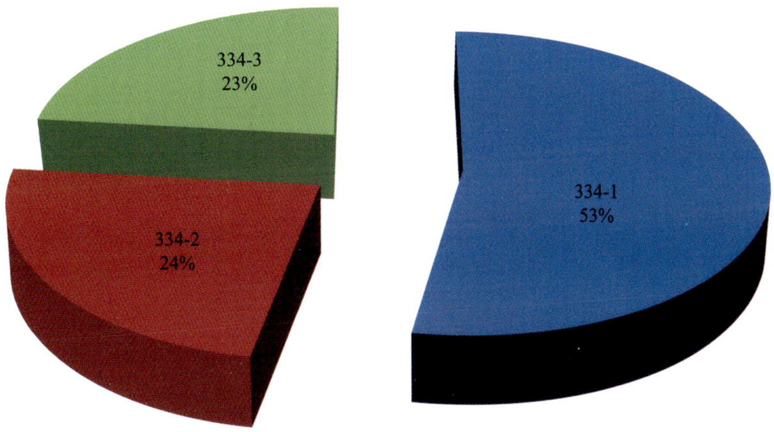

图 19-2　重庆市钼矿不同地质可靠程度预测资源量比例图

五、不同利用程度预测资源量

重庆市钼矿预测资源量按地质可靠程度分类统计如下：目前经济技术条件下，本市预测的钼资源 21.17 万吨，均不可利用（见图 19-3）。

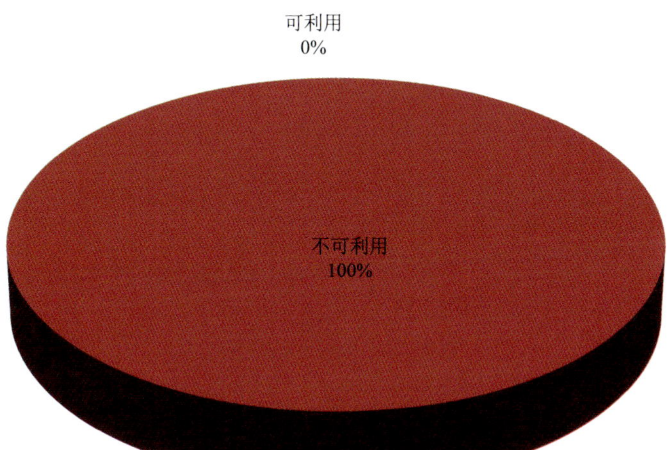

图 19-3　重庆市钼矿不同利用程度预测资源量比例图

六、2 级预测区简述

重庆市钼矿归并的 2 级预测区中，5 万~10 万吨的 1 个，1 万~5 万吨的 2 个，小于 1 万吨的 3 个；主要分布在酉阳、秀山、巫溪、云阳和奉节等县区（见附图 19-1、附图 19-2、附表 19-1）。

附表 19-1　重庆市钼矿 2 级预测区一览表

序号	2 级预测区名称	A 类 1 级预测区名称	累计查明资源储量（金属量，万吨）	预测资源量（金属量，万吨）		
				500 米以浅	1000 米以浅	2000 米以浅
1	东阳—田坝—西阳—牛角洞—天池山预测区	田坝	11.40	6.14	14.85	
2	土地树—鱼泉—中岭山—谅山堰—茅坡溪预测区		0.48	2.18	4.63	
3	大槽预测区			0.81	1.03	
4	奉节兴隆预测区		0.00	0.14	0.28	
5	云峰预测区		0.00	0.12	0.25	
6	奉节青龙预测区		0.60		0.13	

注：按 2000 米以浅预测资源量大小排序，在附图 19-1 上标明。

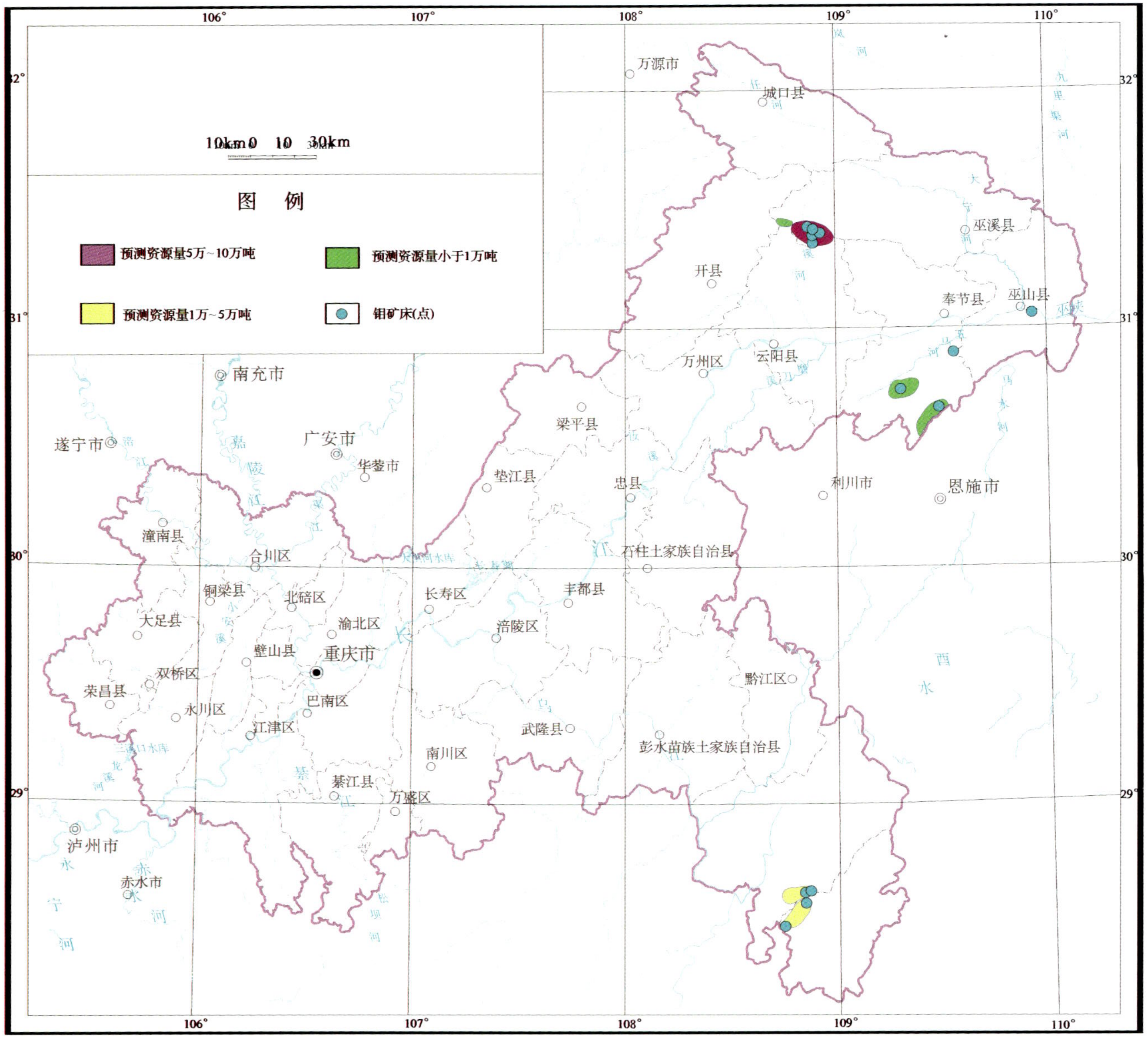

附图 19-1　重庆市钼矿 2 级预测区分布图

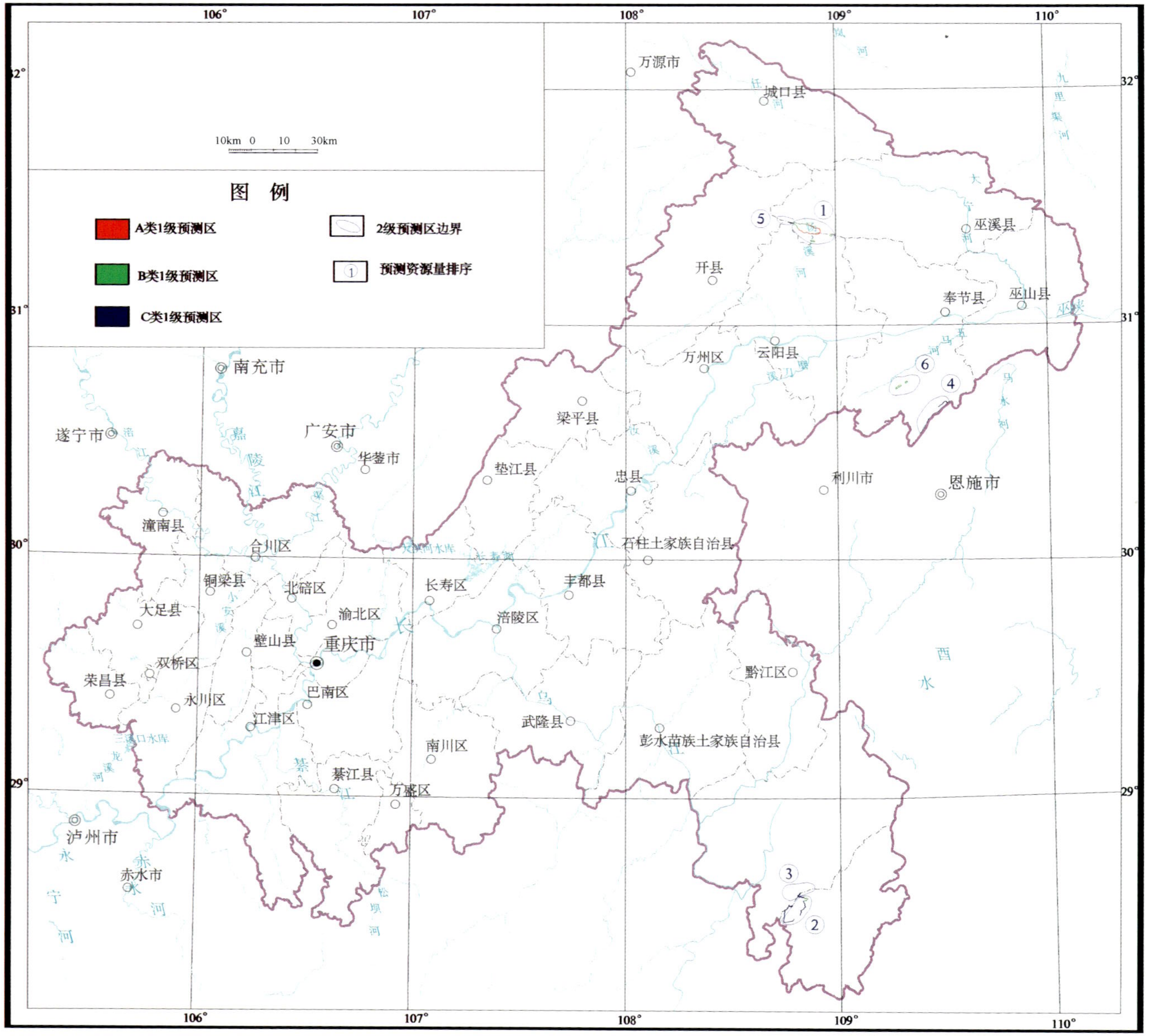

附图 19-2　重庆市钼矿预测成果分布图

第二十章　贵州省钼矿资源潜力评价与选区研究

一、概述

贵州省钼矿主要分布于织金—纳雍和遵义地区，主要为沉积型镍钼钒共伴生矿。

贵州省钼矿总资源量为203.92万吨，其中累计查明钼资源储量58.67万吨，预测钼资源量145.25万吨。预测钼资源量中，按不同预测深度分类统计：500米以浅钼资源量21.65万吨，1000米以浅钼资源量41.62万吨，2000米以浅钼资源量145.25万吨；按不同地质可靠程度分类统计：334-1钼资源量130.47万吨，334-2钼资源量10.37万吨，334-3钼资源量4.41万吨；目前经济技术条件下，预测钼资源量145.25万吨，均可利用。

贵州省钼矿预测工作，全省累计圈定了17个1级预测区和17个2级预测区。

二、累计查明资源储量

截至2012年底，贵州省钼累计查明资源储量58.67万吨，预测钼资源量145.25万吨。

三、不同预测深度预测资源量

贵州省钼矿预测资源量按深度分类统计如下：500米以浅钼资源量21.65万吨，1000米以浅钼资源量41.62万吨，2000米以浅钼资源量145.25万吨（见图20-1）。

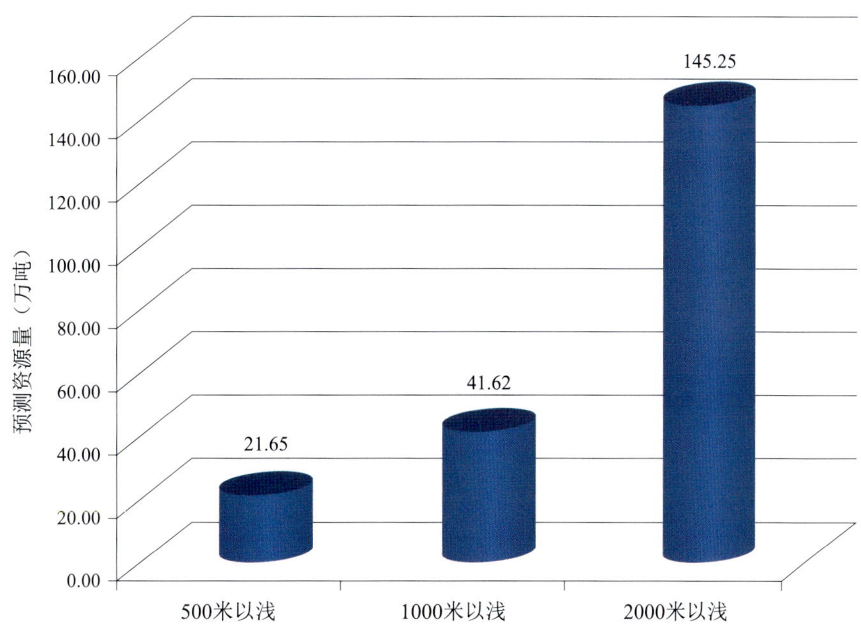

图20-1　贵州省钼矿不同预测深度预测资源量对比图

四、不同地质可靠程度预测资源量

贵州省钼矿预测资源量按地质可靠程度分类统计如下：334-1 钼资源量 130.47 万吨，334-2 钼资源量 10.37 万吨，334-3 钼资源量 4.41 万吨（见图 20-2）。

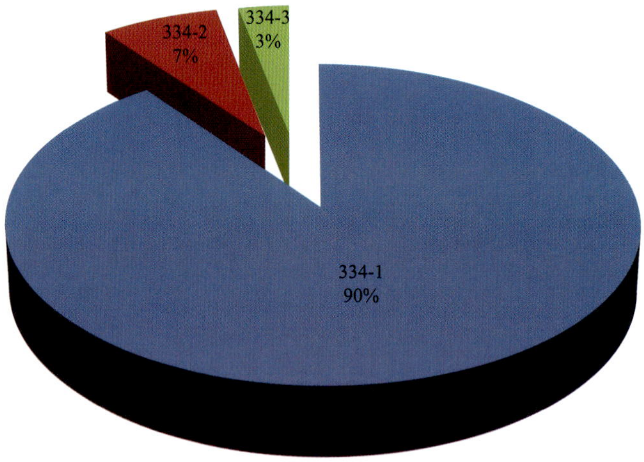

图 20-2　贵州省钼矿不同地质可靠程度预测资源量比例图

五、不同利用程度预测资源量

贵州省钼矿预测资源量按地质可靠程度分类统计如下：目前经济技术条件下，预测钼资源量 145.25 万吨，均可利用（见图 20-3）。

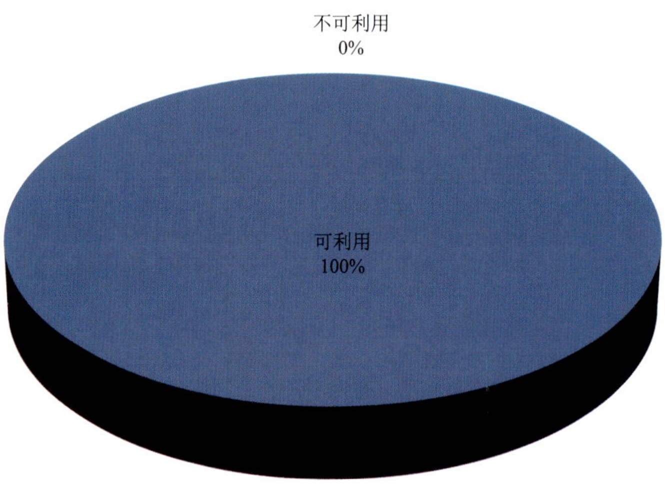

图 20-3　贵州省钼矿不同利用程度预测资源量比例图

六、2 级预测区简述

贵州省钼矿归并的 2 级预测区中，大于 30 万吨的 2 个，10 万~30 万吨的 4 个，1 万~10 万吨的 8 个，小于 1 万吨的 3 个；大于 10 万吨的钼矿预测区主要分布在织金—纳雍和遵义地区（见附图 20-1、附图 20-2、附表 20-1）。

附表 20-1　贵州省钼矿 2 级预测区一览表

序号	2 级预测区名称	A 类 1 级预测区名称	累计查明资源储量（金属量，万吨）	预测资源量（金属量，万吨）		
				500 米以浅	1000 米以浅	2000 米以浅
1	大院	大院		1.32	2.26	38.88
2	芝麻		10.10	2.01	6.46	33.21
3	严家寨		1.04	4.57	7.38	18.58
4	松林		25.92	4.73	5.93	13.05
5	金顶山			0.12	1.56	11.02
6	中寨	中寨	0.17	4.53	9.97	10.96
7	唐家坝	唐家坝		0	0	3.24
8	座麻窝	座麻窝		6.09	1.33	3.01
9	桂果			0.46	1.08	2.82
10	水东	水东	5.39	0.07	0.45	2.24
11	毛石		0.37	1.97		
12	张家寨	张家寨		0.57	1.01	1.60
13	实心			0.15	1.08	1.59
14	小纳弓	小纳弓		0	0	1.41
15	大嘎	大嘎		0.13	0.32	0.84
16	大寨		1.04	0.30	0.56	0.56
17	果化			0.10	0.26	0.26

注：按 2000 米以浅预测资源量大小排序，10 万吨以上在附图 20-1 上标明。

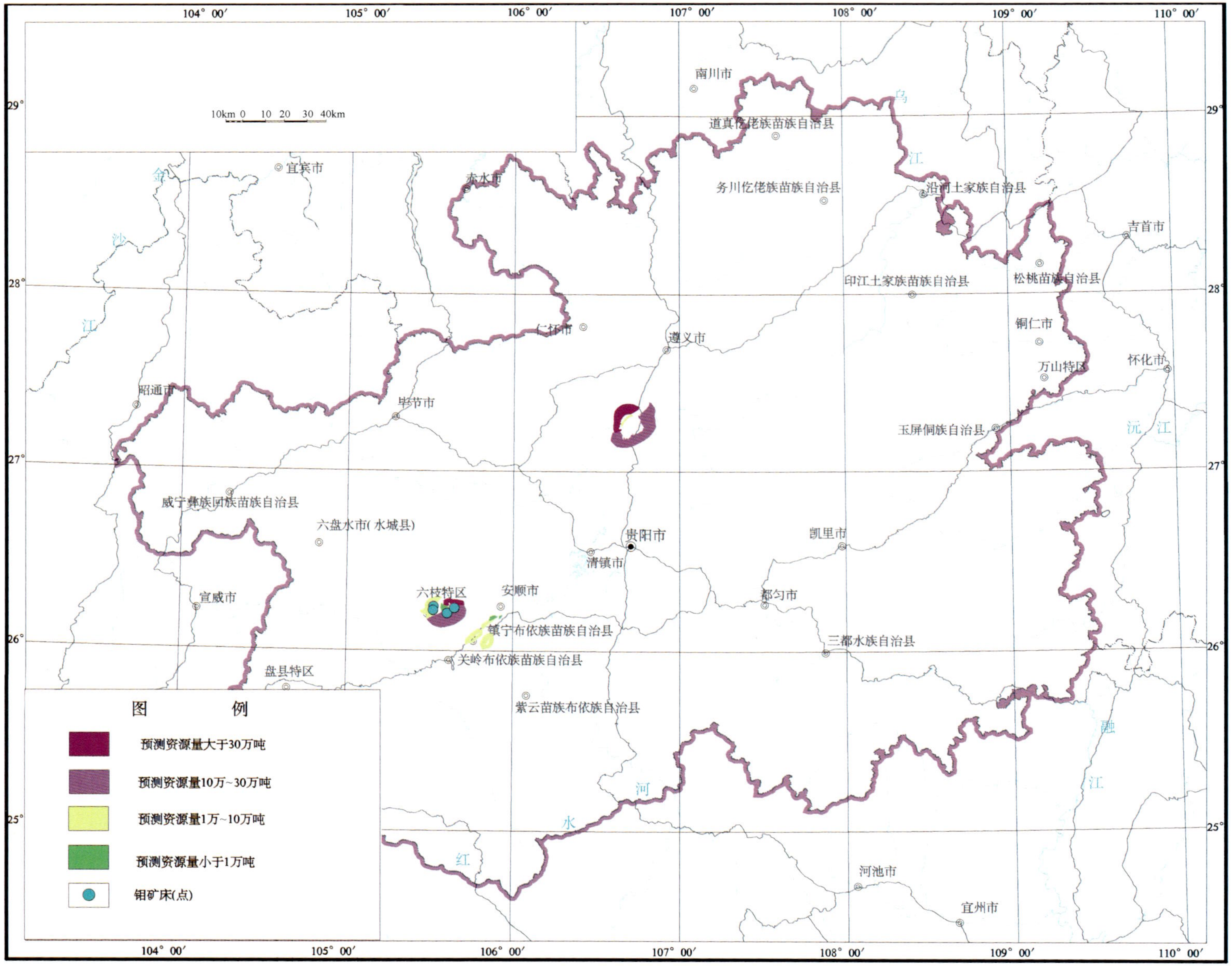

附图 20-1 贵州省钼矿 2 级预测区分布图

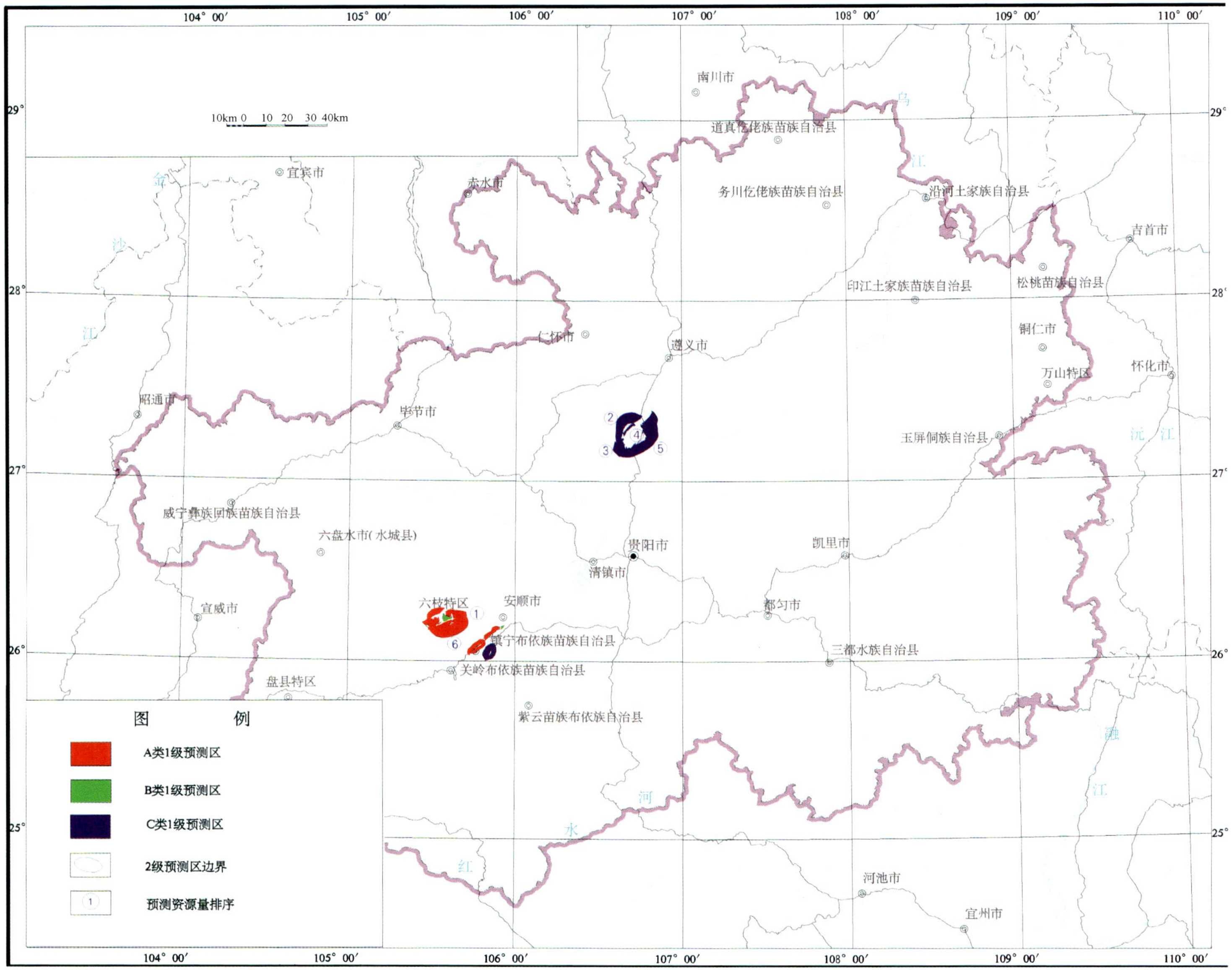

附图 20-2　贵州省钼矿省级预测成果分布图

第二十一章　广东省钼矿资源潜力评价与选区研究

一、概述

广东省钼矿主要分布于粤东北的梅县、曲江、始兴、英德、惠东、丰顺、梅陇和粤西的信宜、阳春、广宁等地，以及粤中从化、龙门部分地区，主要矿床类型为斑岩型、矽卡岩型和石英脉型。

广东省钼矿总资源量为258.77万吨，其中累计查明钼资源储量76.85万吨，预测钼资源量181.92万吨。预测钼资源量中，按不同预测深度分类统计：500米以浅钼资源量51.76万吨，1000米以浅钼资源量109.29万吨，2000米以浅钼资源量181.92万吨；按不同地质可靠程度分类统计：334-1钼资源量114.06万吨，334-2钼资源量3.55万吨，334-3钼资源量64.32万吨；目前经济技术条件下，可利用的钼资源量165.80万吨。

广东省钼矿预测工作，全省累计圈定了50个1级预测区和26个2级预测区。

二、累计查明资源储量

截至2012年底，广东省钼累计查明资源储量76.85万吨，预测钼资源量181.92万吨。

三、不同预测深度预测资源量

广东省钼矿预测资源量按深度分类统计如下：500米以浅钼资源量51.76万吨，1000米以浅钼资源量109.29万吨，2000米以浅钼资源量181.92万吨（见图21-1）。

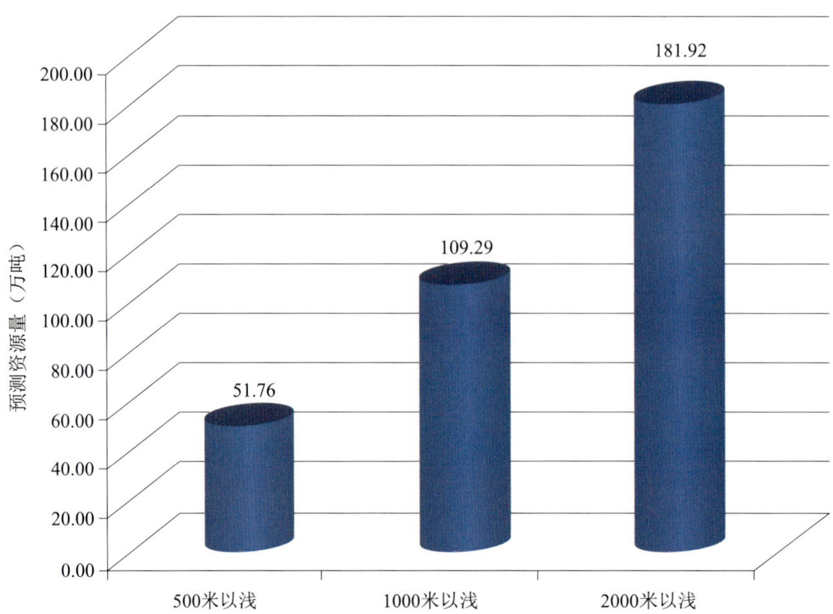

图21-1　广东省钼矿不同预测深度预测资源量对比图

四、不同地质可靠程度预测资源量

广东省钼矿预测资源量按地质可靠程度分类统计如下：334-1 钼资源量 114.06 万吨，334-2 钼资源量 3.55 万吨，334-3 钼资源量 64.32 万吨（见图 21-2）。

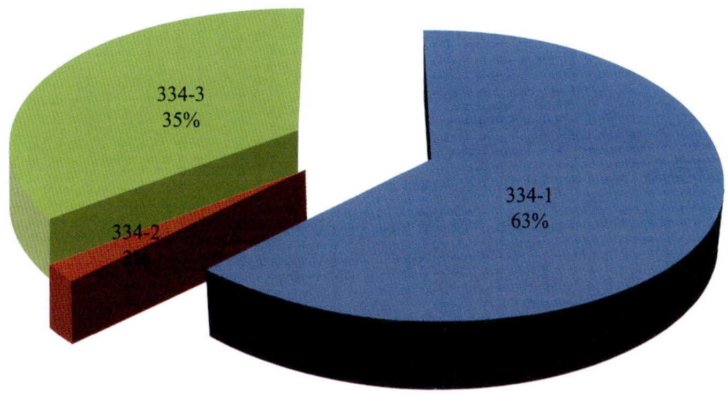

图 21-2　广东省钼矿不同地质可靠程度预测资源量比例图

五、不同利用程度预测资源量

广东省钼矿预测资源量按地质可靠程度分类统计如下：目前经济技术条件下，可利用的钼资源量 165.80 万吨、不可利用 16.12 万吨（见图 21-3）。

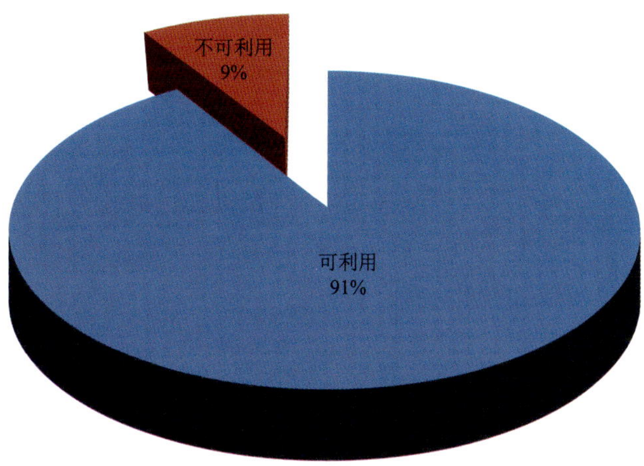

图 21-3　广东省钼矿不同利用程度预测资源量比例图

六、2 级预测区简述

广东省钼矿归并的 2 级预测区中，大于 10 万吨的 3 个，5 万~10 万吨的 6 个，1 万~5 万吨的 1 个，小于 1 万吨的 16 个；大于 10 万吨的钼矿预测区主要分布在粤西大瑶山地区和粤北韶关地区（见附图 21-1、附图 21-2、附表 21-1）。

附表 21-1　广东省钼矿 2 级预测区一览表

序号	2 级预测区名称	A 类 1 级预测区名称	累计查明资源储量（金属量，万吨）	预测资源量（金属量，万吨）		
				500 米以浅	1000 米以浅	2000 米以浅
1	木双	园珠顶、大崩	25.90	16.18	43.44	61.93
2	大宝山	大宝山、牛屎坜	23.47	0.00	0.00	43.54
3	大镇	大镇		7.99	15.98	23.96
4	阳春	林湾	7.53	4.90	9.39	
5	廉江	南和、坡仔营	4.95	3.16	6.32	8.94
6	河头	天堂		4.85	8.73	
7	大田	牛山	0.03	4.19	8.38	
8	平塘	锡坪	7.27	3.87	7.73	
9	五华	白石嶂	2.36	4.35	5.07	
10	四会	鸡笼山	18.37	0.28	1.71	
11	新丰		0.10	0.25	0.50	
12	青溪			0.37	0.46	
13	上八乡			0.32	0.38	
14	石马	铁山嶂	0.09	0.26	0.31	
15	文福	贵人峰、东石	0.46	0.26	0.27	
16	南昆山	吕田桂	0.11	0.07	0.96	
17	骆湖		0.03	0.78	0.09	
18	西河			0.08	0.09	
19	枫湾		0.02	0.06	0.07	
20	九峰		0.01	0.06	0.07	
21	大麦山	坝头	0.19	0.06	0.06	
22	波罗			0.05	0.05	
23	石角			0.04	0.04	
24	古市			0.03	0.03	
25	梅陇	石厝	0.05	0.02	0.02	
26	佛冈	铜溪	0.07			

注：按 2000 米以浅预测资源量大小排序，5 万吨以上在附图 21-1 上标明。

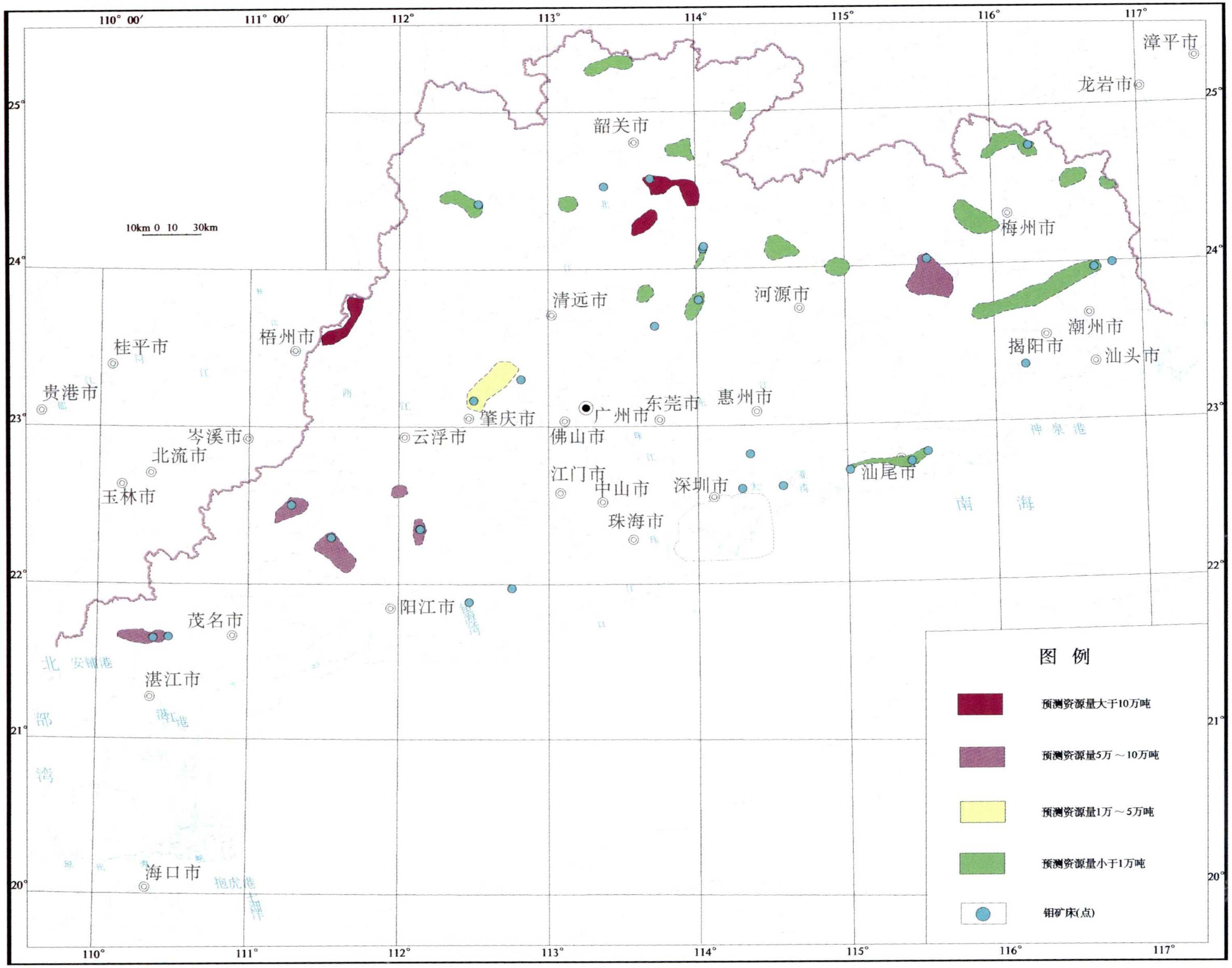

附图 21-1　广东省钼矿 2 级预测区分布图

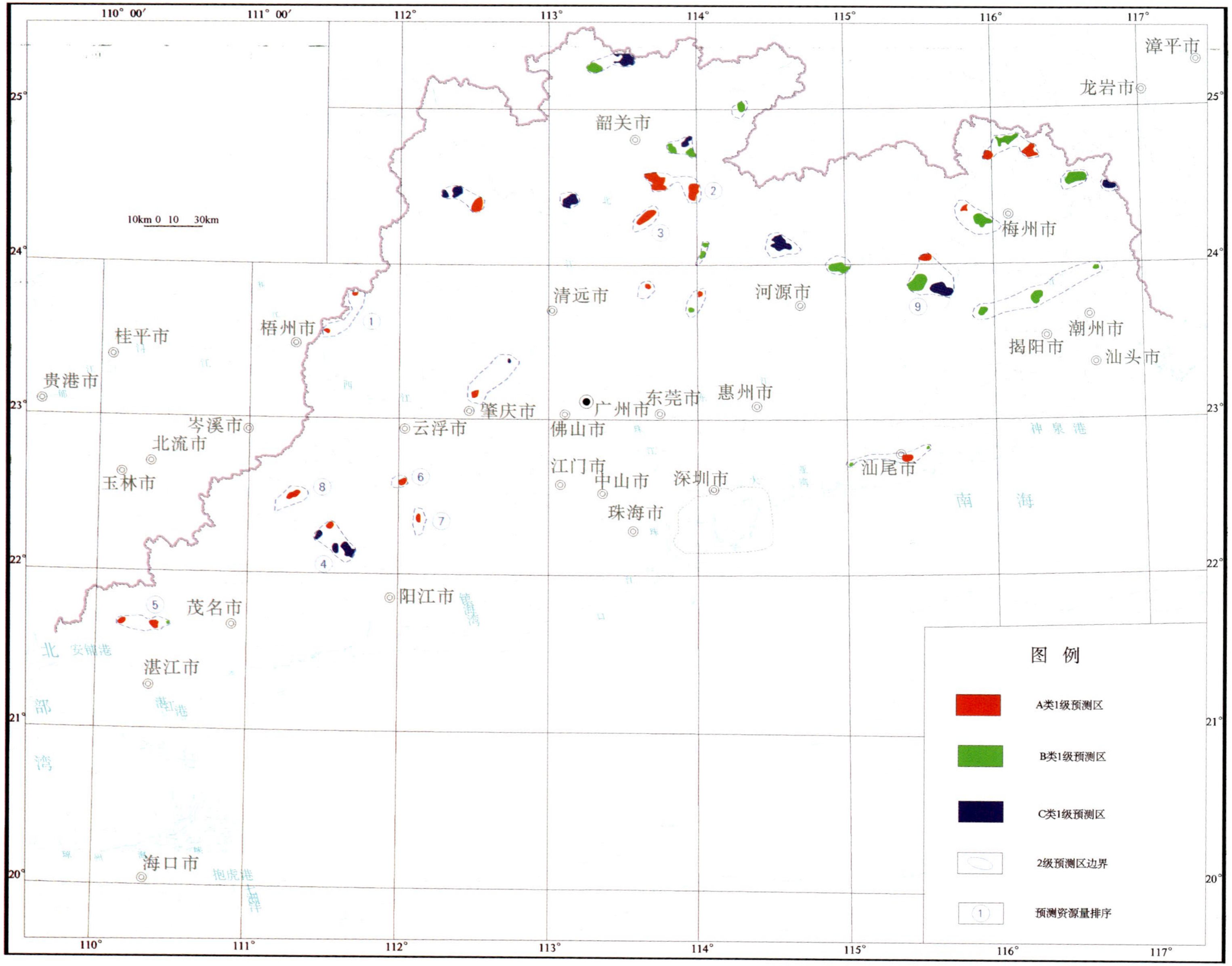

附图 21-2 广东省钼矿省级预测成果分布图

第二十二章　广西壮族自治区钼矿资源潜力评价与选区研究

一、概述

广西钼矿主要分布于桂东富川、钟山、贺州，桂中武鸣、宾阳，以及桂东南和大瑶山博白、陆川、岑溪、藤县和苍梧等地，主要矿床类型为斑岩型钼矿、与花岗岩有关的脉型钨钼矿、矽卡岩—云英岩复合型钨锡钼矿和大厂式复合型锡铅锌多金属矿。

广西钼矿总资源量为27.76万吨，其中累计查明钼资源储量2.83万吨，预测钼资源量24.93万吨。预测钼资源量中，按不同预测深度分类统计：500米以浅钼资源量23.28万吨，1000米以浅钼资源量24.93万吨，2000米以浅钼资源量24.93万吨；按不同地质可靠程度分类统计：334-1钼资源量7.38万吨，334-2钼资源量2.07万吨，334-3钼资源量15.48万吨；目前经济技术条件下，预测的钼资源量24.93万吨，均可利用。

广西钼矿预测工作，全区累计圈定了29个1级预测区和10个2级预测区。

二、累计查明资源储量

截至2012年底，广西钼累计查明资源储量2.83万吨，预测钼资源量24.93万吨。

三、不同预测深度预测资源量

广西钼矿预测资源量按深度分类统计如下：500米以浅钼资源量23.28万吨，1000米以浅钼资源量24.93万吨，2000米以浅钼资源量24.93万吨（见图22-1）。

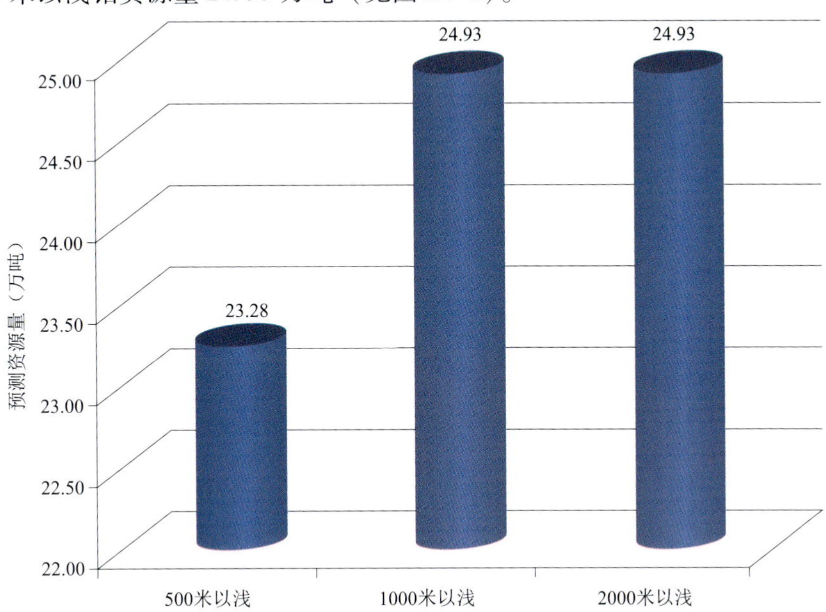

图22-1　广西钼矿不同预测深度预测资源量对比图

四、不同地质可靠程度预测资源量

广西钼矿预测资源量按地质可靠程度分类统计如下：334-1 钼资源量 7.38 万吨，334-2 钼资源量 2.07 万吨，334-3 钼资源量 15.48 万吨（见图 22-2）。

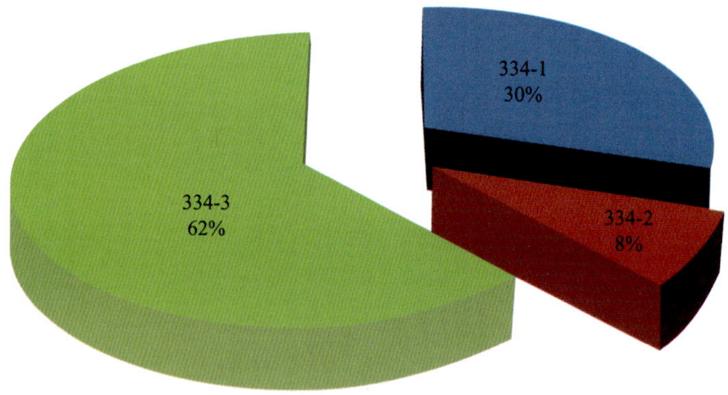

图 22-2　广西钼矿不同地质可靠程度预测资源量比例图

五、不同利用程度预测资源量

广西钼矿预测资源量按地质可靠程度分类统计如下：目前经济技术条件下，预测的钼资源量 24.93 万吨，均可利用（见图 22-3）。

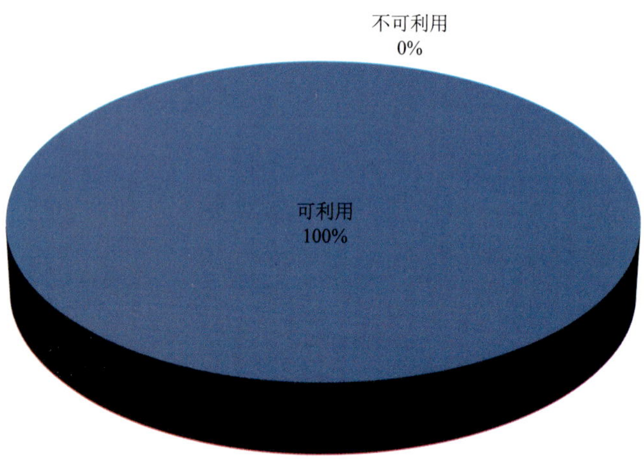

图 22-3　广西钼矿不同利用程度预测资源量比例图

六、2 级预测区简述

广西钼矿归并的 2 级预测区中，大于 10 万吨的 1 个，5 万～10 万吨的 0 个，1 万～5 万吨的 4 个，小于 1 万吨的 5 个；大于 10 万吨的钼矿预测区主要分布在苍梧县沙头地区（见附图 22-1、附图 22-2、附表 22-1）。

附表 22-1　广西钼矿 2 级预测区一览表

序号	2 级预测区名称	A 类 1 级预测区名称	累计查明资源储量（金属量，万吨）	预测资源量（金属量，万吨）		
				500 米以浅	1000 米以浅	2000 米以浅
1	苍梧县沙头			11.70		
2	藤县大黎	藤县大黎	0.63	4.77		
3	博白松山	松山	0.11	2.00		
4	桂平凤凰岭	凤凰岭		1.52		
5	苍梧社垌	社垌	0.85	0.36	1.25	
6	河池五圩	水落—箭猪坡	0.22	0.63	0.97	
7	富川县岩鹰嘴		0.30	0.42	0.83	
8	陆川米场—博白油麻坡	安垌、油麻坡、三叉冲	0.35	0.74		
9	钟山黄宝	黄宝	0.18	0.72		
10	宾阳县高田		0.44	0.44		

注：按 2000 米以浅预测资源量大小排序，在附图 22-1 上标明。

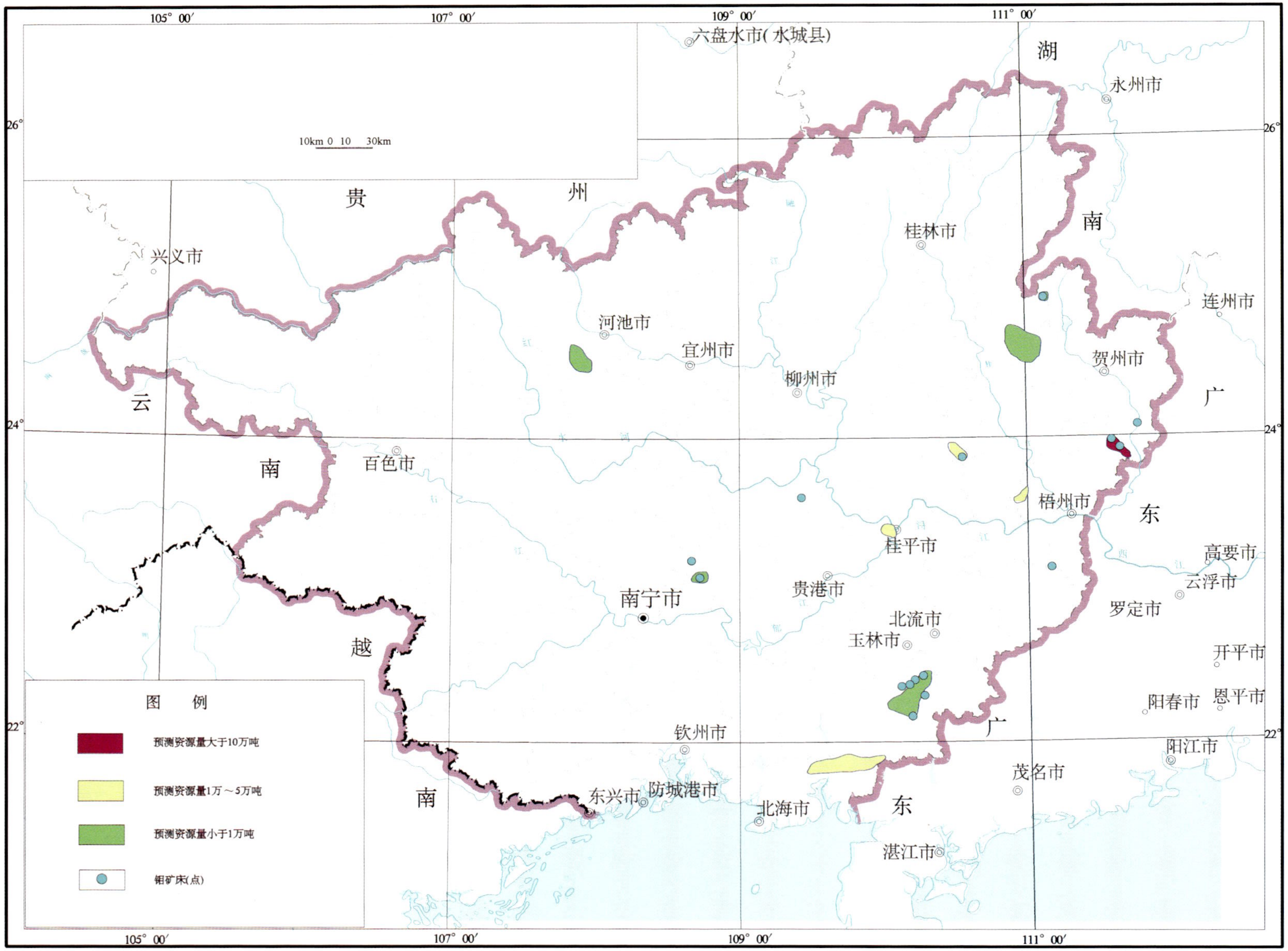

附图 22-1 广西钼矿 2 级预测区分布图

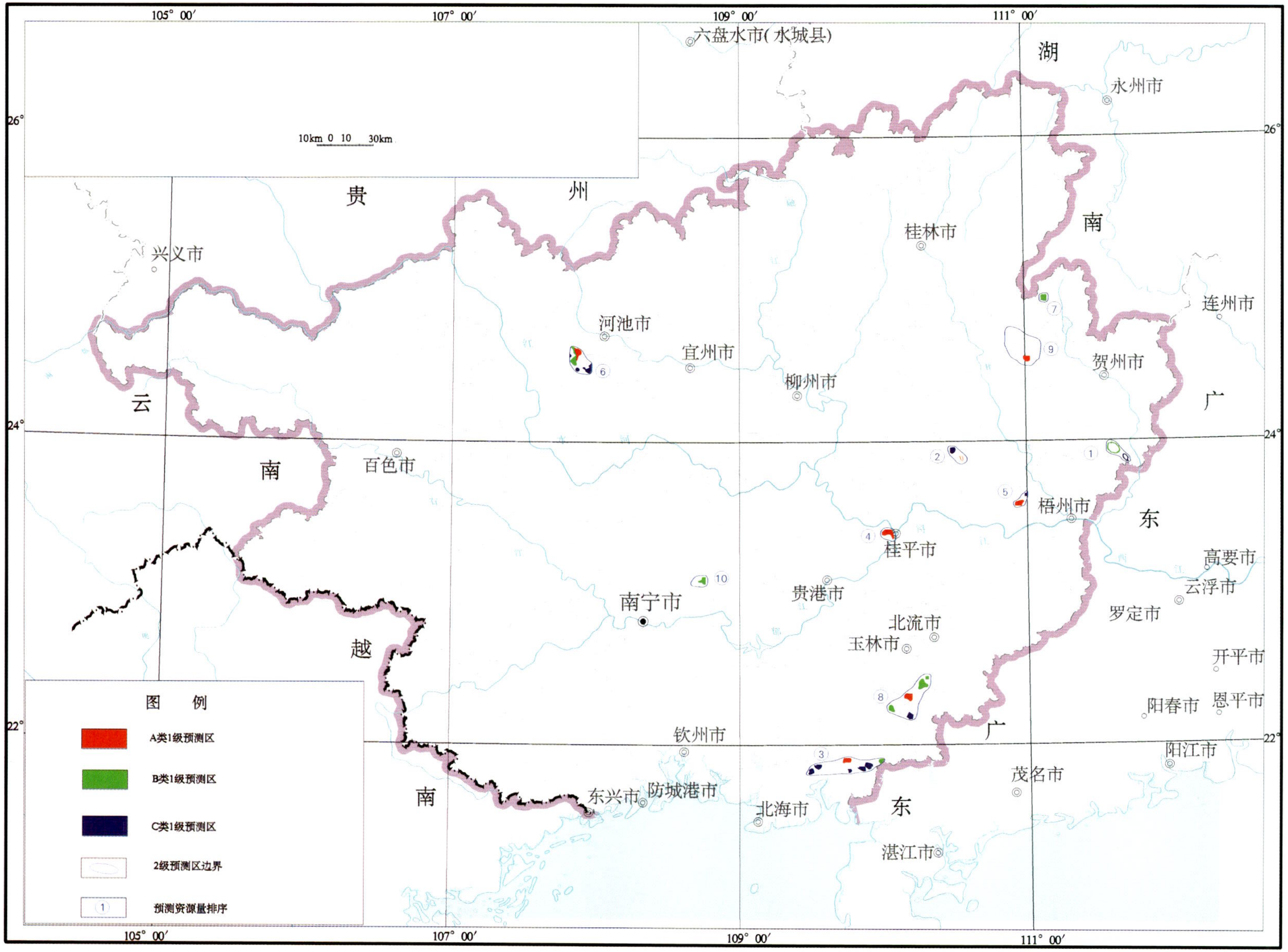

附图 22-2　广西钼矿预测成果分布图

第二十三章　湖南省钼矿资源潜力评价与选区研究

一、概述

湖南省钼矿主要分布于湘南、湘中和湘西北，主要矿床类型为矽卡岩型、沉积型和石英脉型 3 种类型。

湖南省钼矿总资源量为 171.98 万吨，其中累计查明钼资源储量 24.08 万吨，预测钼资源量 147.90 万吨。预测钼资源量中，按不同预测深度分类统计：500 米以浅钼资源量 135.64 万吨，1000 米以浅钼资源量 147.65 万吨，2000 米以浅钼资源量 147.90 万吨；按不同地质可靠程度分类统计：334-1 钼资源量 24.03 万吨，334-2 钼资源量 50.27 万吨，334-3 钼资源量 73.60 万吨；目前经济技术条件下，预测的钼资源量 147.90 万吨，均可利用。

湖南省钼矿预测工作，全省累计圈定了 242 个 1 级预测区和 63 个 2 级预测区。

二、累计查明资源储量

截至 2012 年底，湖南省钼累计查明资源储量 24.08 万吨，预测钼资源量 147.90 万吨。

三、不同预测深度预测资源量

湖南省钼矿预测资源量按深度分类统计如下：500 米以浅钼资源量 135.64 万吨，1000 米以浅钼资源量 147.65 万吨，2000 米以浅钼资源量 147.90 万吨（见图 23-1）。

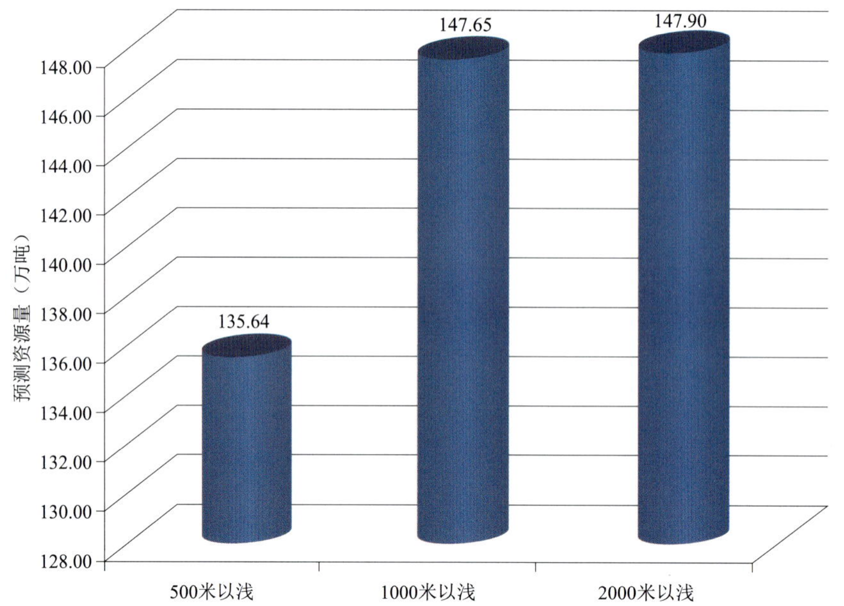

图 23-1　湖南省钼矿不同预测深度预测资源量对比图

四、不同地质可靠程度预测资源量

湖南省钼矿预测资源量按地质可靠程度分类统计如下：334-1 钼资源量 24.03 万吨，334-2 钼资源量 50.27 万吨，334-3 钼资源量 73.60 万吨（见图 23-2）。

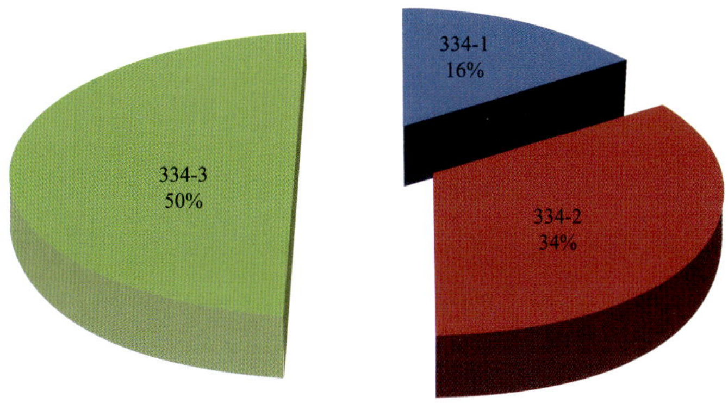

图 23-2　湖南省钼矿不同地质可靠程度预测资源量比例图

五、不同利用程度预测资源量

湖南省钼矿预测资源量按地质可靠程度分类统计如下：目前经济技术条件下，预测的钼资源量 147.90 万吨，均可利用（见图 23-3）。

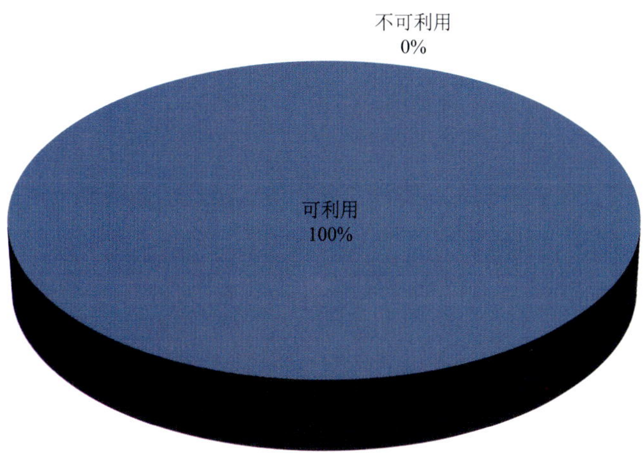

图 23-3　湖南省钼矿不同利用程度预测资源量比例图

六、2 级预测区简述

湖南省钼矿归并的 2 级预测区中，大于 10 万吨的 3 个，5 万~10 万吨的 3 个，1 万~5 万吨的 21 个，小于 1 万吨的 36 个；大于 5 万吨的钼矿预测区主要分布在湘西北张家界地区和湘南郴州地区（见附图 23-1、附图 23-2、附表 23-1）。

附表 23-1　湖南省钼矿 2 级预测区一览表

序号	2 级预测区名称	A 类 1 级预测区名称	累计查明资源储量（金属量，万吨）	预测资源量（金属量，万吨）		
				500 米以浅	1000 米以浅	2000 米以浅
1	白沙	水口山—大义山		20.29		
2	铜山岭	都庞岭—九嶷山 6		17.42		
3	天门山—晓坪		3.83	7.81	16.28	
4	明溪口	天门山 17		7.54	7.61	
5	骑田岭	香花岭—千里山 6		7.09		
6	香花岭	香花岭—千里山 14		6.32	6.97	
7	新田岭	香花岭—千里山 24	0.76	4.97	4.99	
8	丁家山	蕉溪岭—七宝山 1		4.59		
9	龙王岭	蕉溪岭—七宝山 3、4		4.25	4.54	
10	白露塘	香花岭—千里山 3、4、7~10、13、14、16	12.96	4.48	4.54	
11	大坡上	天门山 25		4.45		
12	黄沙坪		3.65	3.73	4.19	4.24
13	五里塔	天门山 3、4	1.21	2.75	3.60	3.76
14	葫芦	天门山 23		3.31		
15	河路口	都庞岭—九嶷山 1		3.27		
16	龙王排		0.90	2.70		
17	相思坑—白公坳			2.43		
18	茶陵	邓阜仙—锡田 2、4、5、6、8、10		2.38		
19	五指峰	万洋山—诸广山 2、12	0.06	2.12		
20	尚家坪	都庞岭—九嶷山 7		1.72		
21	龙潭水			1.69		
22	尖咀包			1.57	1.59	
23	大福	麻溪铺—板溪 41、50		1.55	1.56	
24	羊峰山			1.41	1.48	
25	邓阜仙	邓阜仙—锡田 1、8		1.37	1.48	
26	羊皮帽	麻溪铺—板溪 49、51		1.10	1.18	
27	川口	将军庙—丫江桥 7、8、9、13、18	0.11	1.13		
28	贵岭山			0.98		
29	明月峰	将军庙—丫江桥 20		0.92		
30	黄市			0.91		
31	羊角山			0.76		
32	黄沙坪	麻溪铺—板溪 3、8		0.72		
33	红山界	麻溪铺—板溪 1		0.47	0.71	
34	中寨	贡溪 1、2、3、5、8		0.51	0.70	
35	毛铺子	沩山—紫云山 1、3、6		0.70		
36	天井山			0.65		

续表

序号	2 级预测区名称	A 类 1 级预测区名称	累计查明资源储量（金属量，万吨）	预测资源量（金属量，万吨）		
				500 米以浅	1000 米以浅	2000 米以浅
37	小淹	麻溪铺—板溪 9		0.46	0.58	
38	马迹塘	麻溪铺—板溪 2、6		0.58	0.62	
39	铜锣山			0.50		
40	瑶岗仙	香花岭—千里山 3	1.18	0.50		
41	烟溪	麻溪铺—板溪 36		0.30	0.49	
42	江南			0.35		
43	马路山			0.35		
44	八面山			0.31	0.31	
45	银矿冲			0.30		
46	休溪口			0.23		
47	白沙湾			0.22		
48	桥江			0.20		
49	阳明山	阳明山—塔山 3、4		0.19		
50	查田			0.18		
51	九龙池			0.18		
52	南公塌	天门山 5	0.07	0.12	0.17	
53	麻山坝			0.14		
54	铜钟岭			0.11		
55	峡石	沩山—紫云山 2		0.09		
56	沙田	万洋山—诸广山 5、7		0.09		
57	泥江口	麻溪铺—板溪 5		0.07		
58	九龙山			0.06		
59	赤水仙			0.03		
60	东岗岭			0.02		
61	齐云山		0.01	0.02		
62	杨梅坑			0.02		
63	高坳			0.01		

注：按 2000 米以浅预测资源量大小排序，3 万吨以上在附图 23-1 上标明。

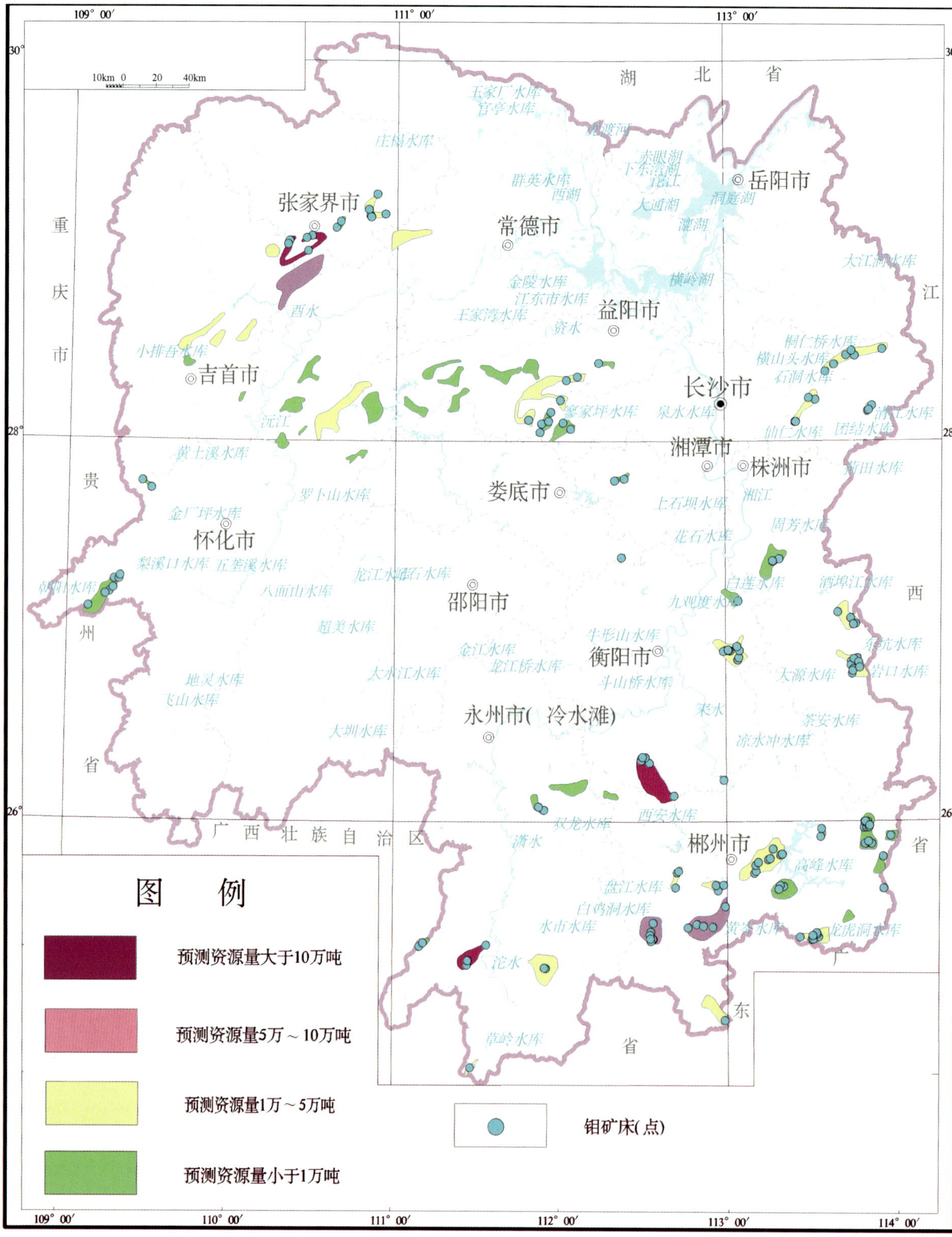

附图 23-1 湖南省钼矿 2 级预测区分布图

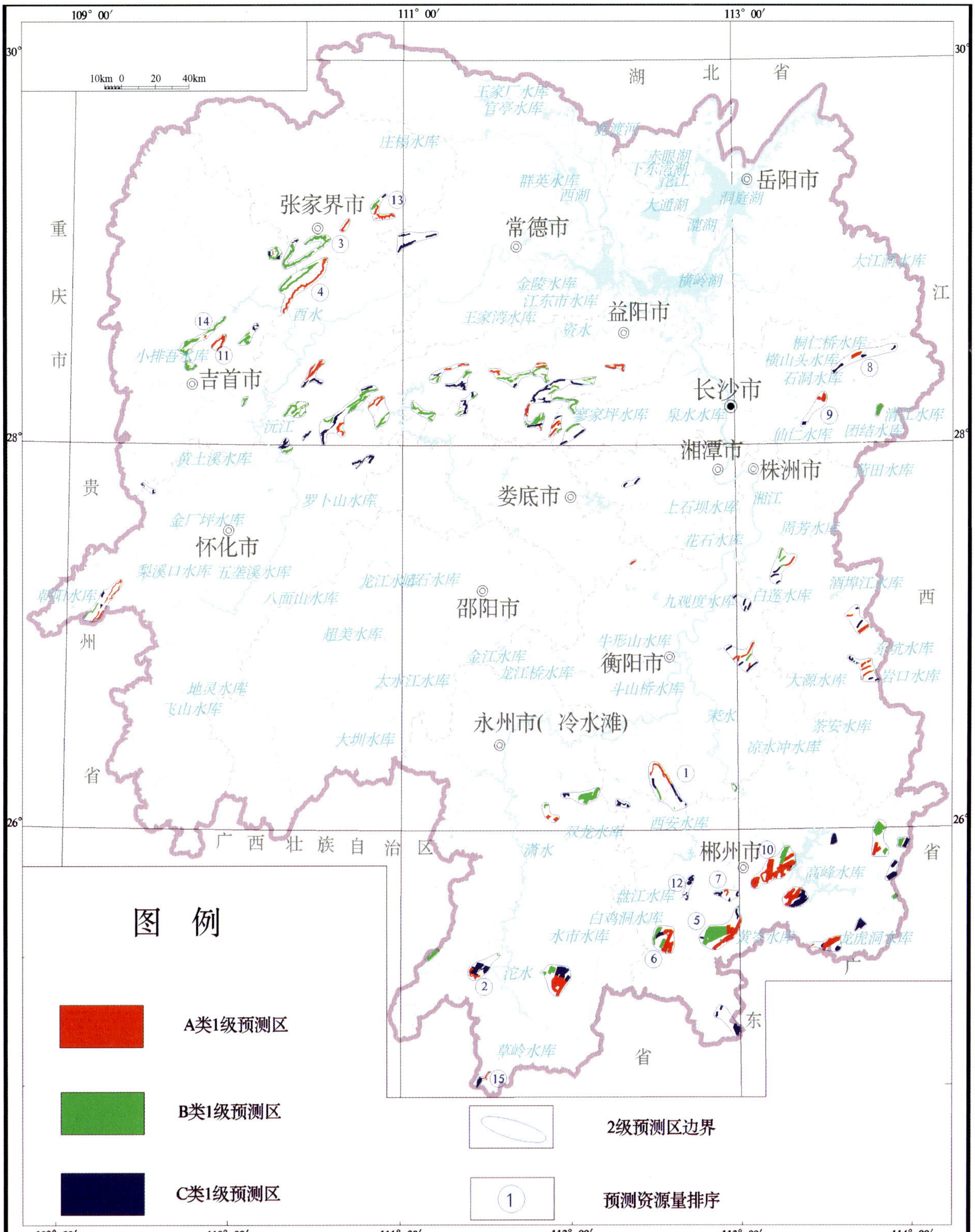

附图 23-2 湖南省钼矿省级预测成果分布图

第二十四章　湖北省钼矿资源潜力评价与选区研究

一、概述

湖北省钼矿主要分布于鄂东黄石—麻城和鄂东北随州—枣阳地区，主要矿床类型为斑岩型和矽卡岩型。

湖北省钼矿总资源量为58.82万吨，其中累计查明钼资源储量7.04万吨，预测钼资源量51.78万吨。预测钼资源量中，按不同预测深度分类统计：500米以浅钼资源量51.78万吨，1000米以浅钼资源量51.78万吨，2000米以浅钼资源量51.78万吨；按不同地质可靠程度分类统计：334-1钼资源量7.47万吨，334-2钼资源量20.72万吨，334-3钼资源量23.59万吨；目前经济技术条件下，预测的钼资源量51.78万吨，均可利用。

湖北省钼矿预测工作，全省累计圈定了28个1级预测区和11个2级预测区。

二、累计查明资源储量

截至2012年底，湖北省钼累计查明资源储量7.04万吨，预测钼资源量51.78万吨。

三、不同预测深度预测资源量

湖北省钼矿预测资源量按深度分类统计如下：500米以浅钼资源量51.78万吨，1000米以浅钼资源量51.78万吨，2000米以浅钼资源量51.78万吨（见图24-1）。

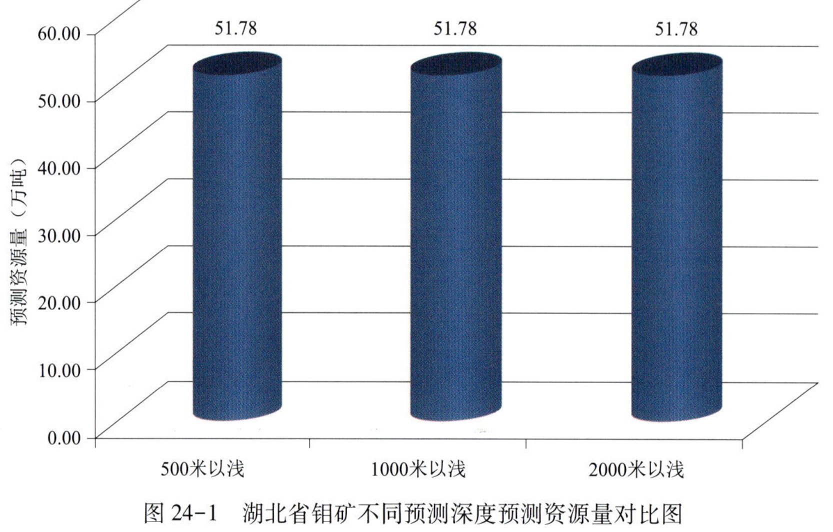

图24-1　湖北省钼矿不同预测深度预测资源量对比图

四、不同地质可靠程度预测资源量

湖北省钼矿预测资源量按地质可靠程度分类统计如下：334-1 钼资源量 7.47 万吨，334-2 钼资源量 20.72 万吨，334-3 钼资源量 23.59 万吨（见图 24-2）。

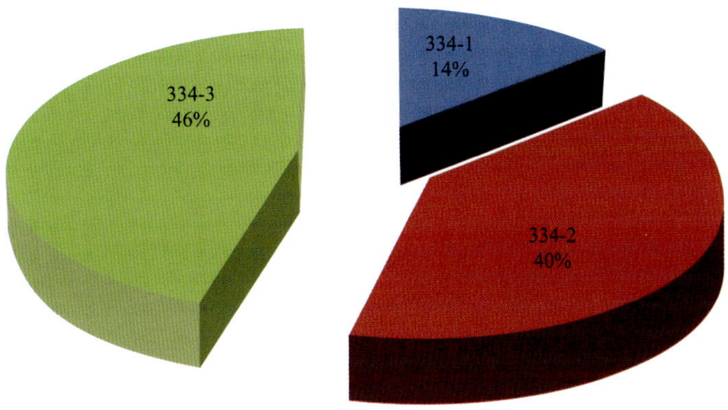

图 24-2　湖北省钼矿不同地质可靠程度预测资源量比例图

五、不同利用程度预测资源量

湖北省钼矿预测资源量按地质可靠程度分类统计如下：目前经济技术条件下，预测的钼资源量 51.78 万吨，均可利用（见图 24-3）。

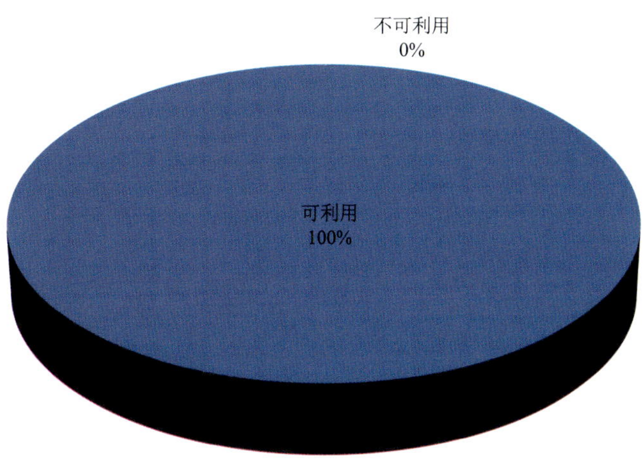

图 24-3　湖北省钼矿不同利用程度预测资源量比例图

六、2 级预测区简述

湖北省钼矿归并的 2 级预测区中，大于 10 万吨的 1 个，5 万～10 万吨的 4 个，1 万～5 万吨的 5 个，小于 1 万吨的 1 个；大于 10 万吨的钼矿预测区主要分布在黄石地区（见附图 24-1、附图 24-2、附表 24-1）。

附表 24-1　湖北省钼矿 2 级预测区一览表

序号	2 级预测区名称	A 类 1 级预测区名称	累计查明资源储量（金属量，万吨）	预测资源量（金属量，万吨）		
				500 米以浅	1000 米以浅	2000 米以浅
1	大同—烈马咀			12.03		
2	木子店镇			9.54		
3	吴山		0.02	8.40		
4	夏店镇			7.31		
5	夏店镇 2			5.42		
6	福田河—九资河			1.97		
7	淮河			1.69		
8	大箕铺镇		0.14	1.64		
9	吴家店			1.60		
10	新城			1.28		
11	石佛寺镇		0.05	0.89		

注：按 2000 米以浅预测资源量大小排序，在附图 24-1 上标明。

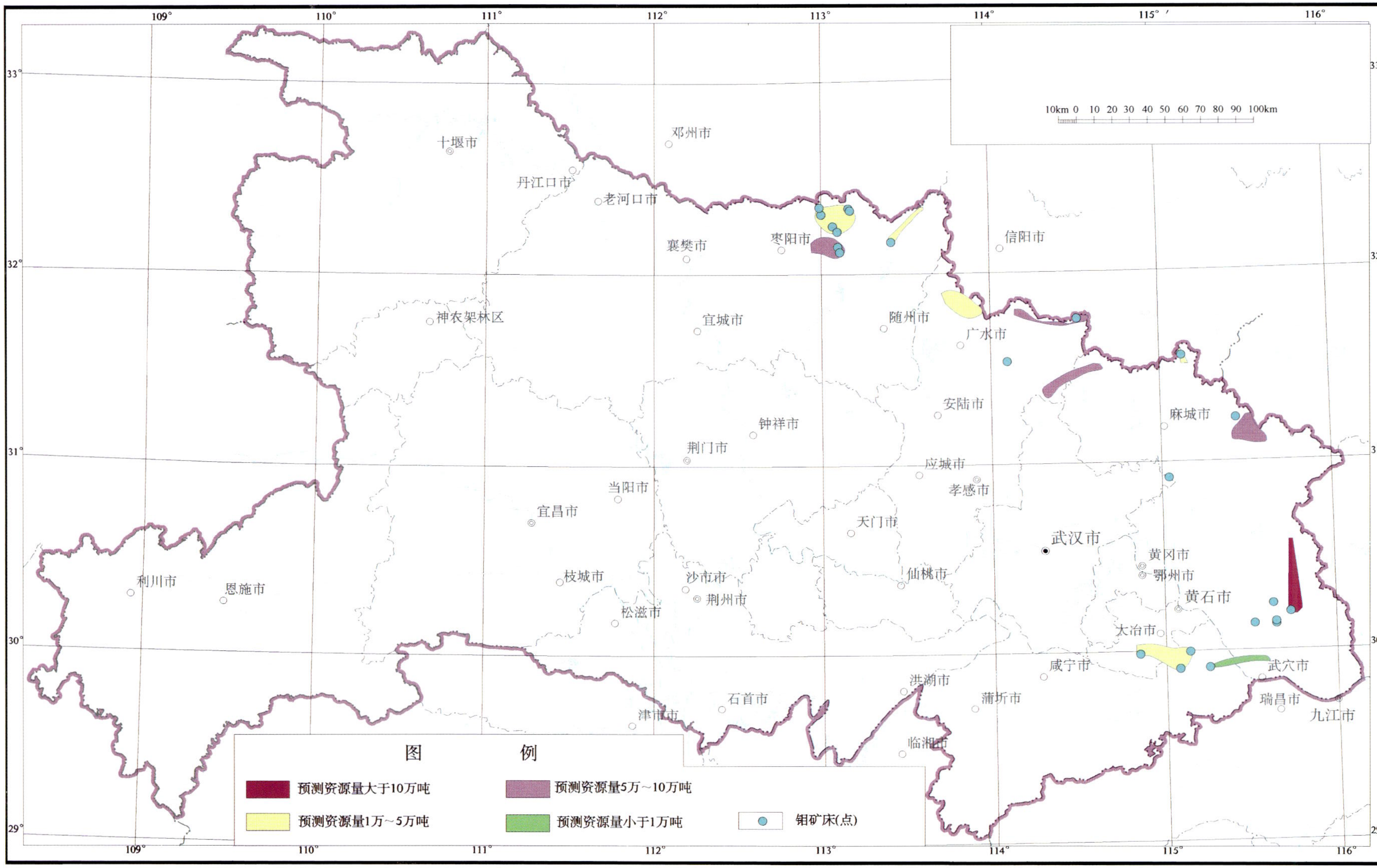

附图 24-1 湖北省钼矿 2 级预测区分布图

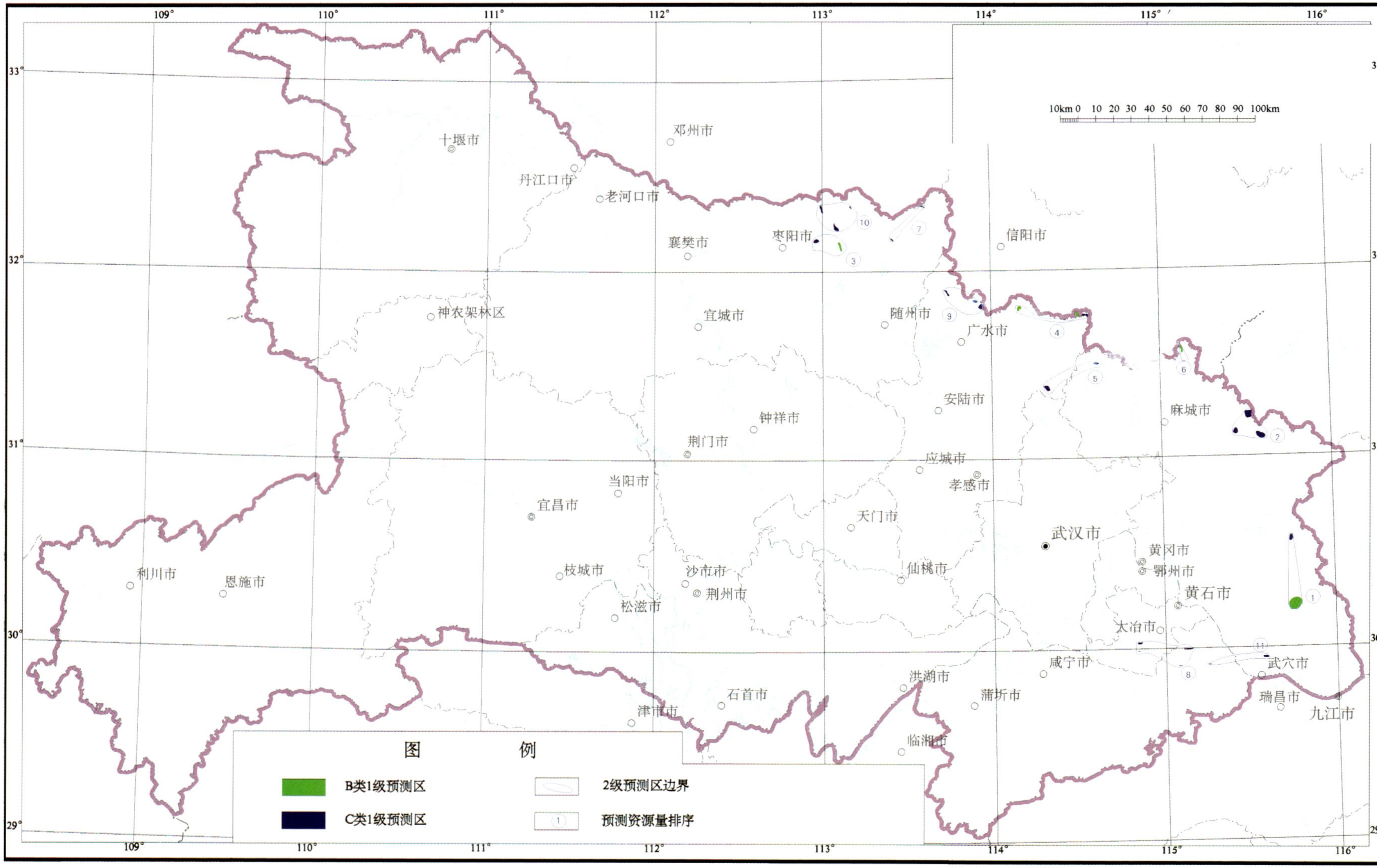

附图 24-2　湖北省钼矿省级预测成果分布图

第二十五章　海南省钼矿资源潜力评价与选区研究

一、概述

海南省钼矿主要分布于万宁—陵水—保亭—五指山—乐东一带及中部昌江—琼海一带地区，主要矿床类型为斑岩型、热液脉型和陆相火山岩型。

海南省钼矿总资源量为288.12万吨，其中累计查明钼资源储量29.57万吨，预测钼资源量258.55万吨。预测钼资源量中，按不同预测深度分类统计：500米以浅钼资源量134.47万吨，1000米以浅钼资源量222.05万吨，2000米以浅钼资源量258.55万吨；按不同地质可靠程度分类统计：334-1钼资源量68.86万吨，334-2钼资源量57.96万吨，334-3钼资源量131.73万吨；目前经济技术条件下，可利用的钼资源量232.96万吨。

海南省钼矿预测工作，全省累计圈定了62个1级预测区和25个2级预测区。

二、累计查明资源储量

截至2012年底，海南省钼累计查明资源储量29.57万吨，预测钼资源量258.55万吨。

三、不同预测深度预测资源量

海南省钼矿预测资源量按深度分类统计如下：500米以浅钼资源量134.47万吨，1000米以浅钼资源量222.05万吨，2000米以浅钼资源量258.55万吨（见图25-1）。

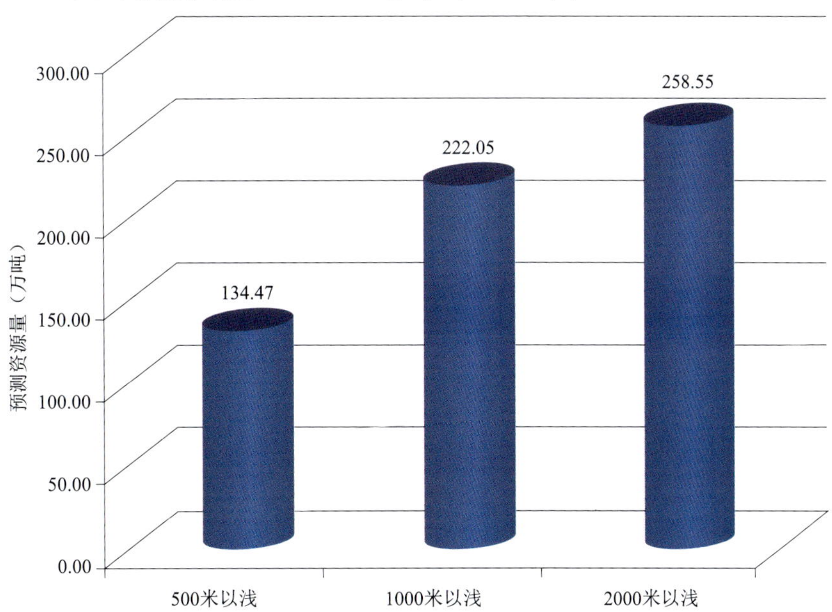

图25-1　海南省钼矿不同预测深度预测资源量对比图

四、不同地质可靠程度预测资源量

海南省钼矿预测资源量按地质可靠程度分类统计如下：334-1 钼资源量 68.86 万吨，334-2 钼资源量 57.96 万吨，334-3 钼资源量 131.73 万吨（见图 25-2）。

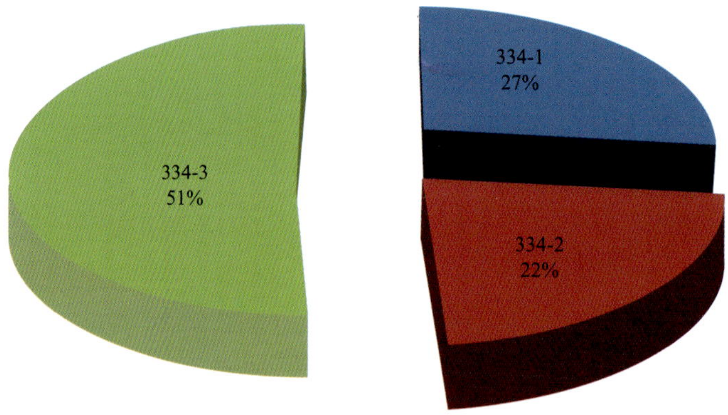

图 25-2　海南省钼矿不同地质可靠程度预测资源量比例图

五、不同利用程度预测资源量

海南省钼矿预测资源量按地质可靠程度分类统计如下：目前经济技术条件下，可利用的钼资源量 232.96 万吨、不可利用 25.59 万吨（见图 25-3）。

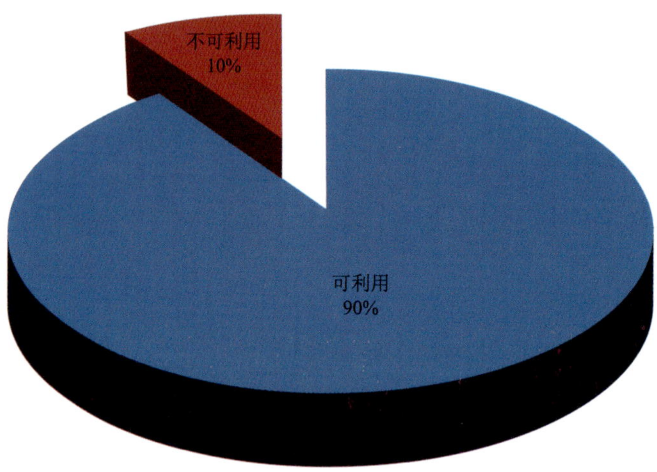

图 25-3　海南省钼矿不同利用程度预测资源量比例图

六、2 级预测区简述

海南省钼矿归并的 2 级预测区中，10 万~50 万吨的 9 个，5 万~10 万吨的 2 个，1 万~5 万吨的 8 个，小于 1 万吨的 6 个；大于 10 万吨的钼矿预测区主要分布在万宁—陵水—保亭—五指山—乐东一带地区（见附图 25-1、附图 25-2、附表 25-1）。

附表 25-1　海南省钼矿 2 级预测区一览表

序号	2 级预测区名称	A 类 1 级预测区名称	累计查明资源储量（金属量，万吨）	预测资源量（金属量，万吨）		
				500 米以浅	1000 米以浅	2000 米以浅
1	毫八刚			17.92	35.84	49.06
2	新村—罗葵洞	新村、罗葵洞	25.84	10.79	29.22	48.69
3	新安林场—牛上岭			23.56	31.90	
4	大母岭—呆峨			10.53	20.74	
5	龙门岭—大崖岭	龙门岭	1.36	14.81	20.53	
6	南茂农场—三道镇			13.76	18.63	
7	岭门农场—铜铁岭			9.90	13.38	
8	黄竹岭—高通岭	高通岭	0.17	7.67	10.29	
9	天指岭—光头岭			3.75	7.51	10.28
10	九所—水桶	石门山	1.04	4.60	7.11	
11	后万岭—福报			3.58	5.12	
12	牙代—军民村			3.43	4.60	
13	新村西—什要仟			1.19	2.35	3.16
14	报告—红五	报告	0.17	1.50	3.12	
15	烟塘镇—重兴镇	梅岭	0.33	1.59	2.57	
16	高园东—黑眉		0.22	1.43	2.33	
17	加油南—那受			0.94	1.69	
18	福田镇			1.04	1.61	
19	烟塘镇—下磉村			0.98	1.51	
20	安墩—广青农场			0.51	0.62	
21	美果村—青岭			0.32	0.49	
22	上昌村—马岭			0.24	0.36	
23	石碌镇北			0.20	0.24	
24	长丰镇			0.19	0.23	
25	加参			0.06	0.07	

注：按 2000 米以浅预测资源量大小排序，5 万吨以上在附图 25-1 上标明。

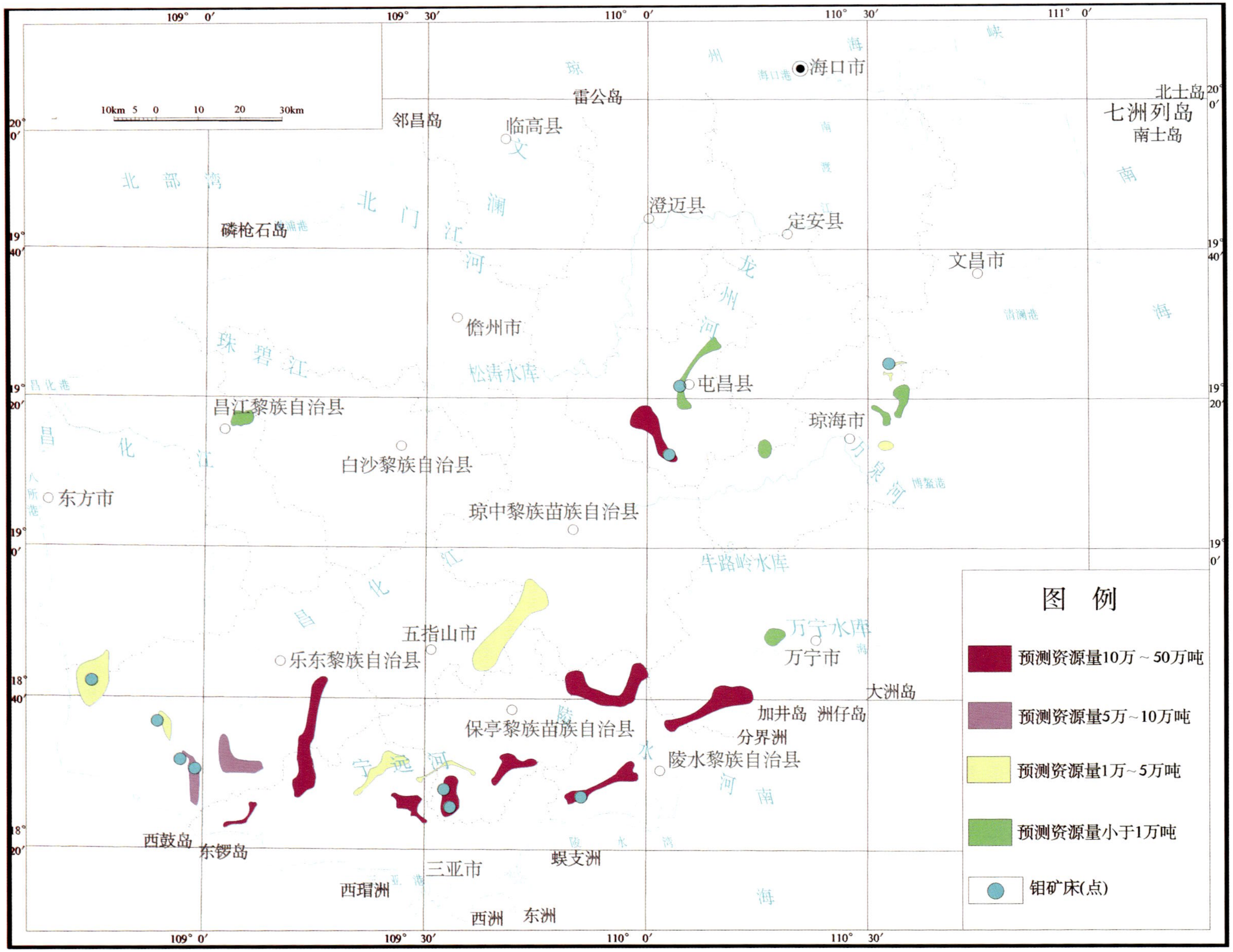

附图 25-1　海南省钼矿 2 级预测区分布图

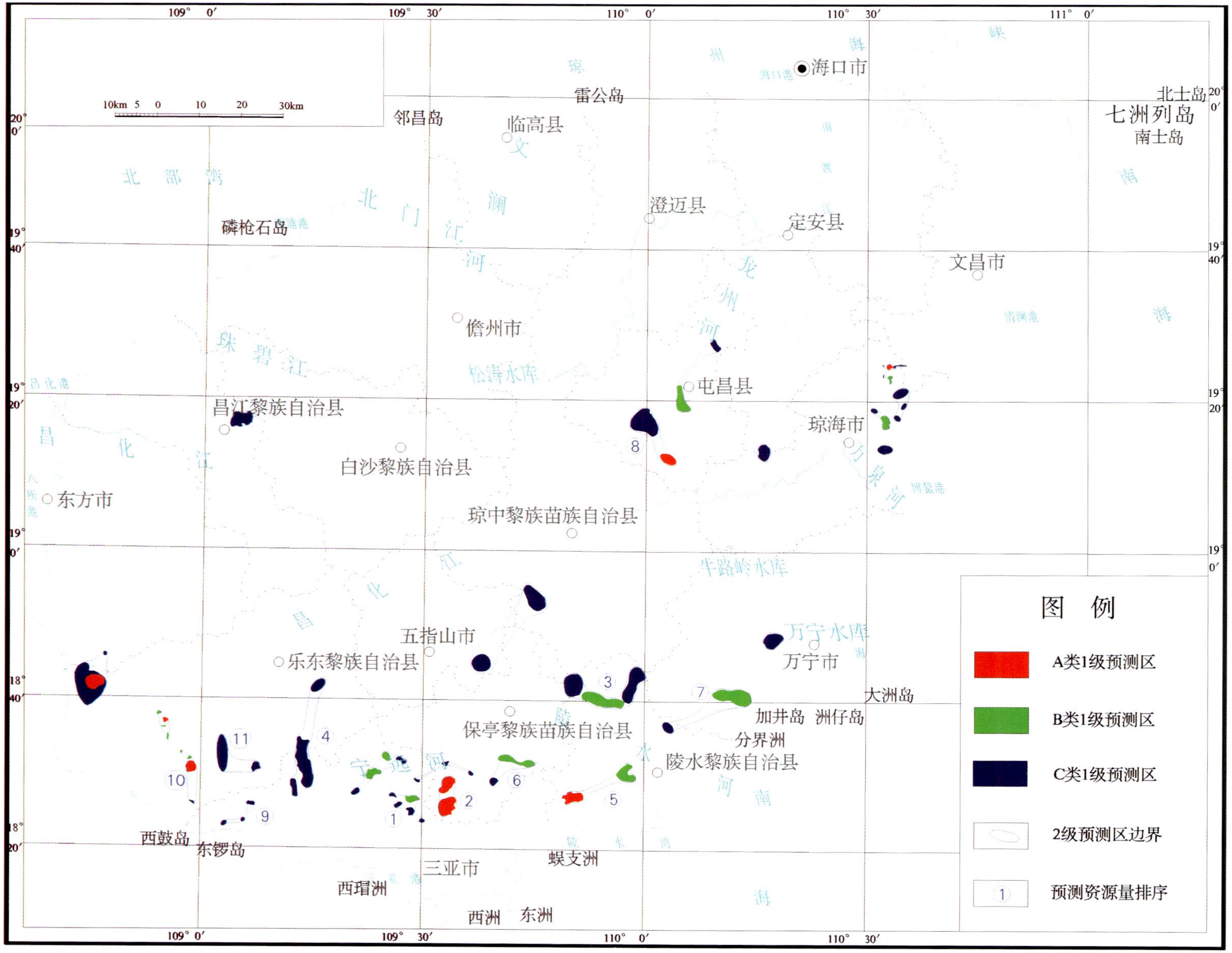

附图 25-2　海南省钼矿省级预测成果分布图

第二十六章　江苏省钼矿资源潜力评价与选区研究

一、概述

江苏省钼矿主要分布于南京—镇江和盱眙地区，新沂—东海地区也有零星矿化，主要矿床类型为斑岩型和矽卡岩型2种类型。

江苏省钼矿总资源量为8.95万吨，其中累计查明钼资源储量0.89万吨，预测钼资源量8.06万吨。预测钼资源量中，按不同预测深度分类统计：500米以浅钼资源量3.24万吨，1000米以浅钼资源量6.27万吨，2000米以浅钼资源量8.06万吨；按不同地质可靠程度分类统计：334-1钼资源量2.80万吨，334-2钼资源量3.22万吨，334-3钼资源量6.27万吨；目前经济技术条件下，可利用的钼资源量6.27万吨。

江苏省钼矿预测工作，全省累计圈定了26个1级预测区和10个2级预测区。

二、累计查明资源储量

截至2012年底，江苏省钼累计查明资源储量0.89万吨，预测钼资源量8.06万吨。

三、不同预测深度预测资源量

江苏省钼矿预测资源量按深度分类统计如下：500米以浅钼资源量3.24万吨，1000米以浅钼资源量6.27万吨，2000米以浅钼资源量8.06万吨（见图26-1）。

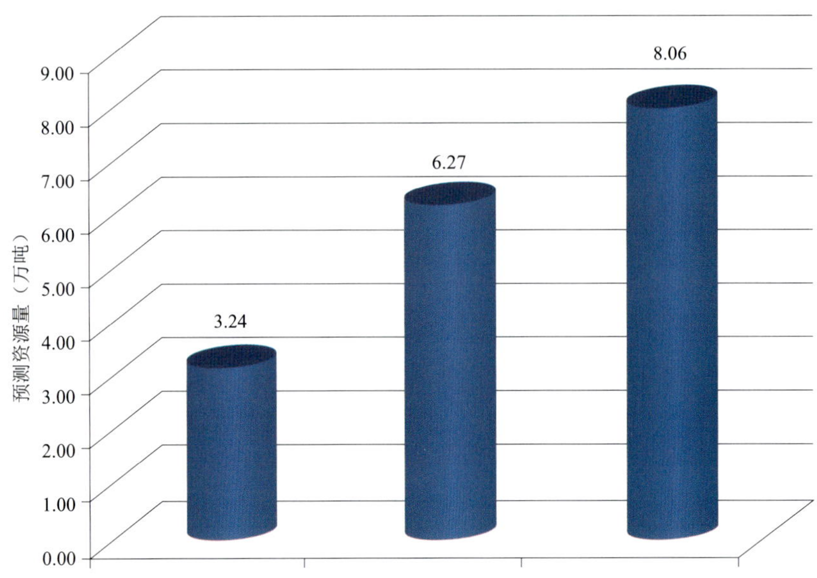

图26-1　江苏省钼矿不同预测深度预测资源量对比图

四、不同地质可靠程度预测资源量

江苏省钼矿预测资源量按地质可靠程度分类统计如下：334-1 钼资源量 2.80 万吨，334-2 钼资源量 3.22 万吨，334-3 钼资源量 6.27 万吨（见图 26-2）。

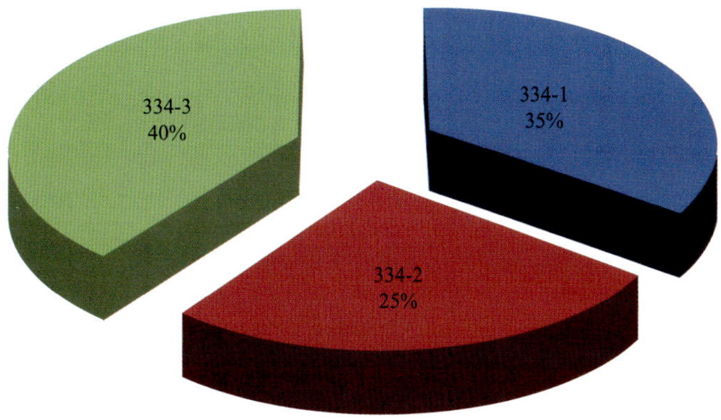

图 26-2 江苏省钼矿不同地质可靠程度预测资源量比例图

五、不同利用程度预测资源量

江苏省钼矿预测资源量按地质可靠程度分类统计如下：目前经济技术条件下，可利用的钼资源量 6.27 万吨、不可利用 1.79 万吨（见图 26-3）。

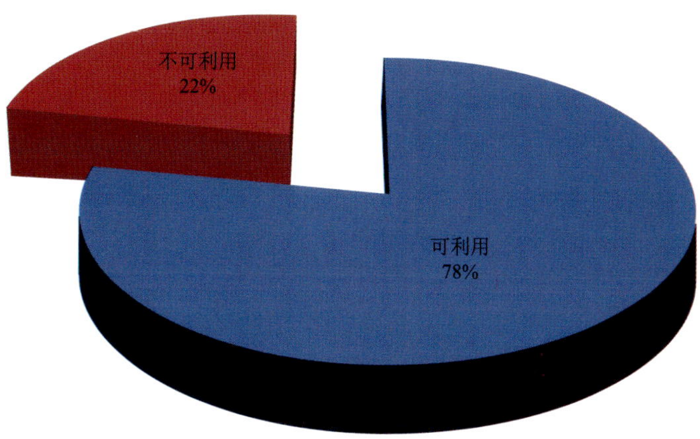

图 26-3 江苏省钼矿不同利用程度预测资源量比例图

六、2 级预测区简述

江苏省钼矿归并的 2 级预测区中，1 万~3 万吨的 4 个，小于 1 万吨的 6 个；大于 1 万吨的钼矿预测区主要分布于宁镇中段（见附图 26-1、附图 26-2、附表 26-1）。

附表 26-1　江苏省钼矿 2 级预测区一览表

序号	2 级预测区名称	A 类 1 级预测区名称	累计查明资源储量（金属量，万吨）	预测资源量（金属量，万吨）		
				500 米以浅	1000 米以浅	2000 米以浅
1	龙王庙—谏壁	谏壁—邓家缺	2. 84	0. 17	1. 10	2. 12
2	盘龙岗—巢凤山	盘龙岗—空青山	0. 12	0. 63	1. 27	1. 58
3	涟山—宝华山	铜山—石砀山	0. 70	0. 20	0. 97	1. 35
4	狮子山—九华山			0. 83	1. 21	
5	磨盘山—老军山—高塘			0. 79	0. 99	
6	石山—梅家山			0. 23	0. 23	
7	武岗山—天宝山			0. 16	0. 16	
8	太阳山—上新甸			0. 11	0. 13	0. 15
9	孟塘—安基山	安基山—伏牛山	0. 22	0. 04	0. 07	0. 14
10	乌鸦山—丁家庄			0. 09	0. 13	

注：按 2000 米以浅预测资源量大小排序，在附图 26-1 上标明。

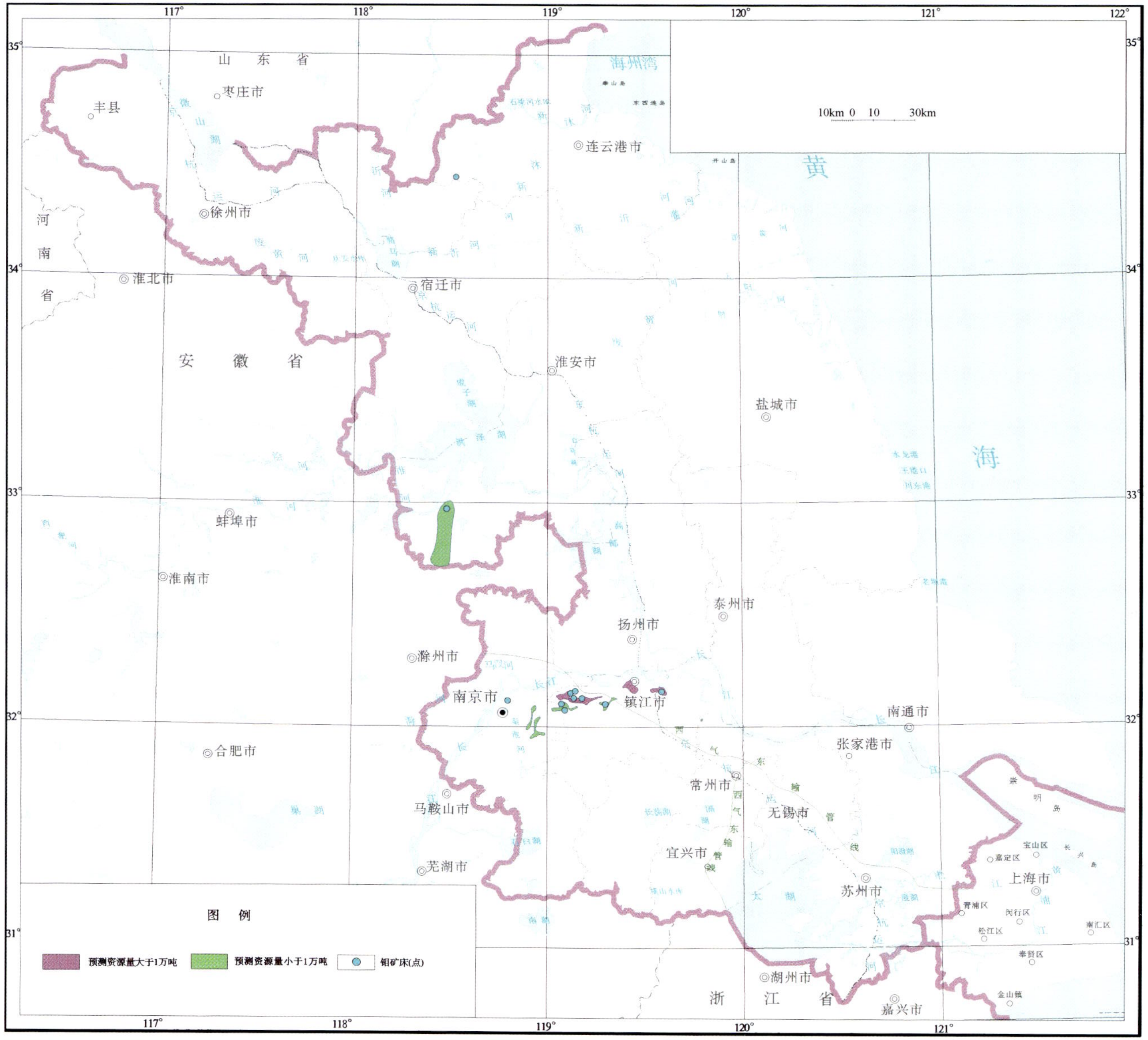

附图 26-1 江苏省钼矿 2 级预测区分布图

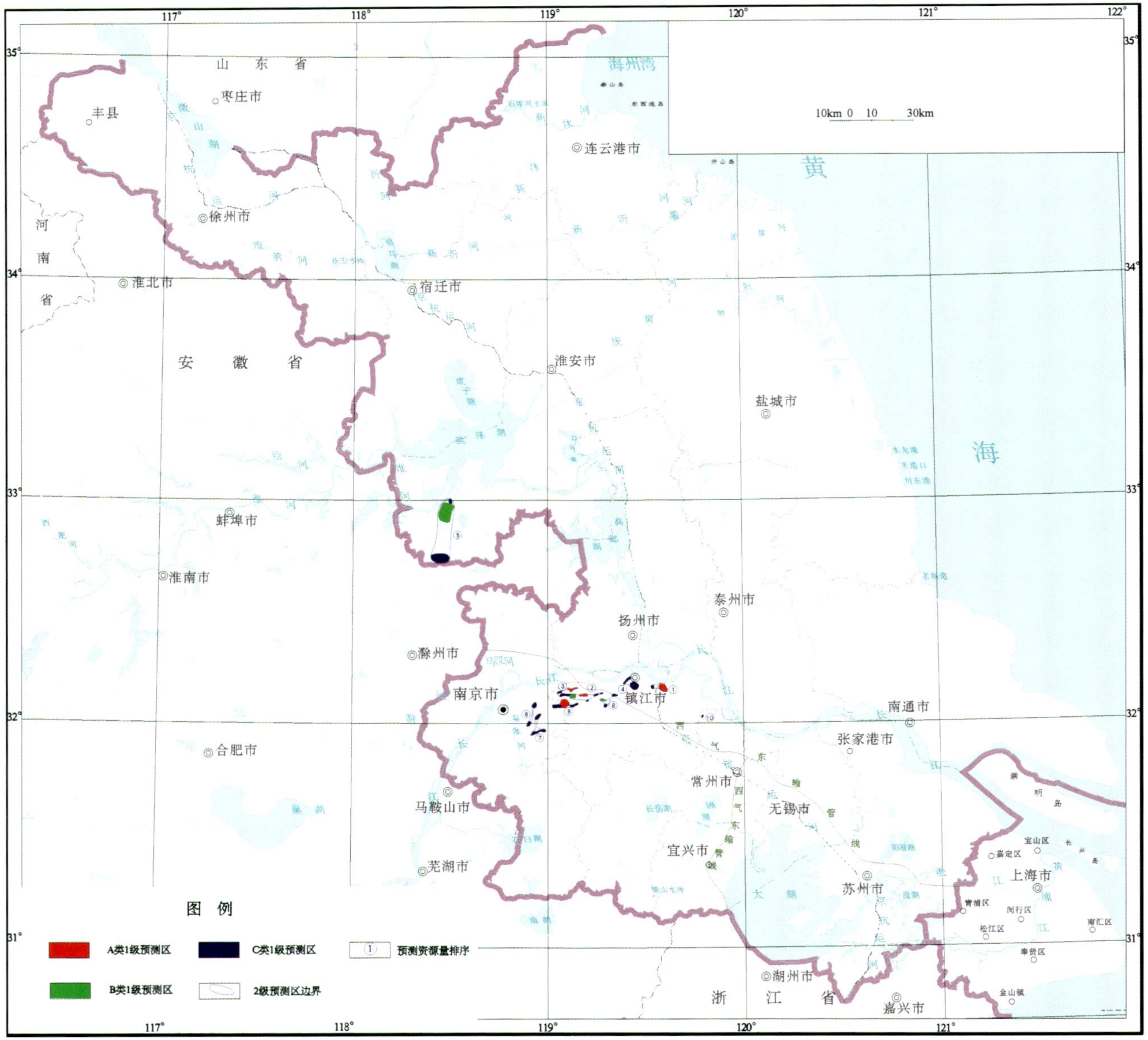

附图 26-2 江苏省钼矿省级预测成果分布图

第二十七章　江西省钼矿资源潜力评价与选区研究

一、概述

江西省钼矿主要分布于赣东北德兴地区、赣西北九瑞地区和赣中南赣州地区，主要矿床类型为斑岩型、岩浆热液型和矽卡岩型。

江西省钼矿总资源量为 147.965 万吨，其中累计查明钼资源储量 56.50 万吨，预测钼资源量 91.465 万吨。预测钼资源量中，按不同预测深度分类统计：500 米以浅钼资源量 56.19 万吨，1000 米以浅钼资源量 81.20 万吨，2000 米以浅钼资源量 91.465 万吨；按不同地质可靠程度分类统计：334-1 钼资源量 36.292 万吨，334-2 钼资源量 22.895 万吨，334-3 钼资源量 32.278 万吨；目前经济技术条件下，可利用的钼资源量 73.89 万吨。

江西省钼矿预测工作，全省累计圈定了 109 个 1 级预测区和 35 个 2 级预测区。

二、累计查明资源储量

截至 2012 年底，江西省钼累计查明资源储量 56.50 万吨，预测钼资源量 91.465 万吨。

三、不同预测深度预测资源量

江西省钼矿预测资源量按深度分类统计如下：500 米以浅钼资源量 56.190 万吨，1000 米以浅钼资源量 81.205 万吨，2000 米以浅钼资源量 91.465 万吨（见图 27-1）。

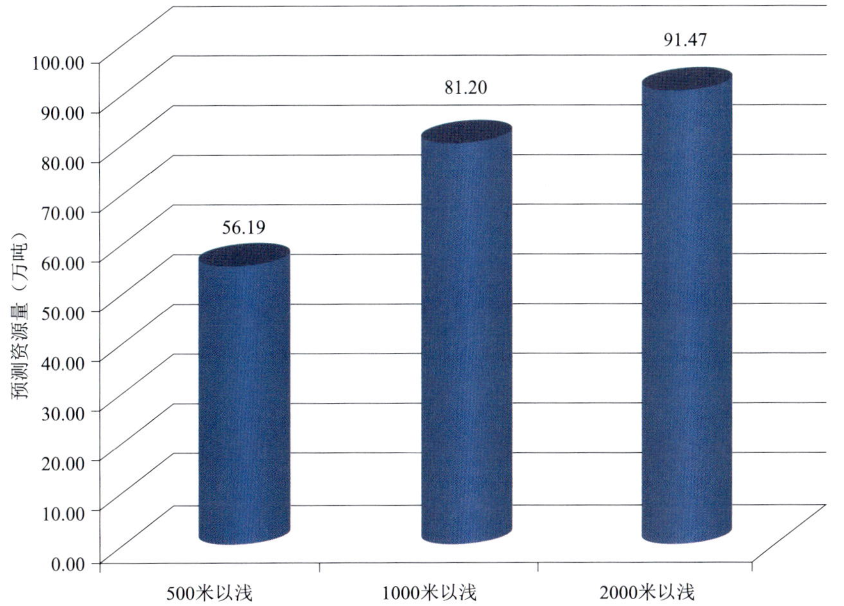

图 27-1　江西省钼矿不同预测深度预测资源量对比图

四、不同地质可靠程度预测资源量

江西省钼矿预测资源量按地质可靠程度分类统计如下：334-1 钼资源量 36.292 万吨，334-2 钼资源量 22.895 万吨，334-3 钼资源量 32.278 万吨（见图 27-2）。

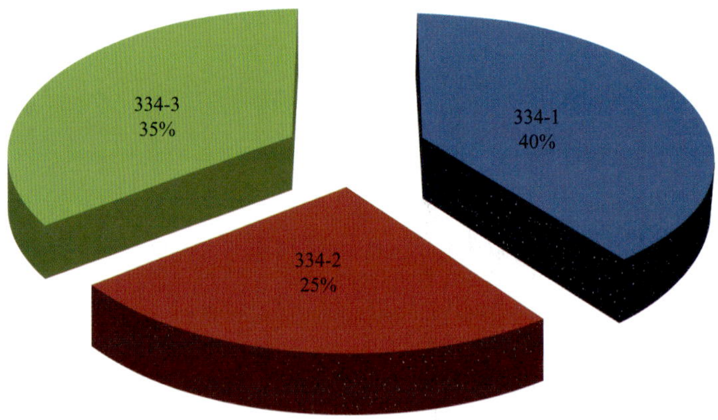

图 27-2　江西省钼矿不同地质可靠程度预测资源量比例图

五、不同利用程度预测资源量

江西省钼矿预测资源量按地质可靠程度分类统计如下：目前经济技术条件下，可利用的钼资源量 73.891 万吨、不可利用 17.574 万吨（见图 27-3）。

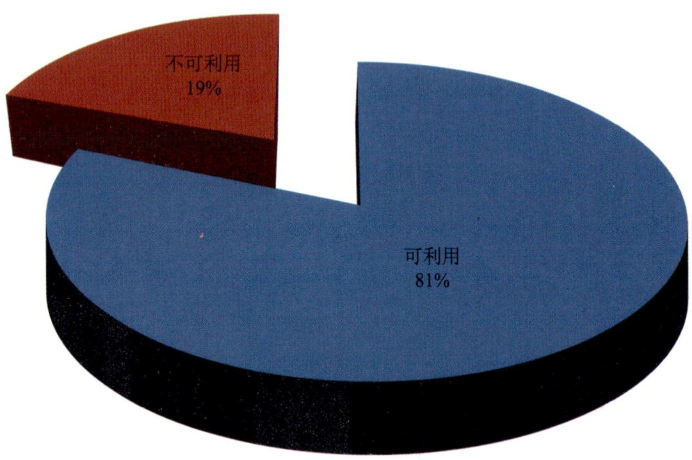

图 27-3　江西省钼矿不同利用程度预测资源量比例图

六、2 级预测区简述

江西省钼矿归并的 2 级预测区中，大于 10 万吨的 1 个，5 万~10 万吨的 3 个，1 万~5 万吨的 18 个，小于 1 万吨的 15 个；大于 5 万吨的钼矿预测区主要分布在赣东北德兴地区和赣南赣州地区（见附图 27-1、附图 27-2、附表 27-1）。

附表 27-1　江西省钼矿 2 级预测区一览表

序号	2 级预测区名称	A 类 1 级预测区名称	累计查明资源储量（金属量，万吨）	预测资源量（金属量，万吨）		
				500 米以浅	1000 米以浅	2000 米以浅
1	铜厂	朱砂红、铜厂、先告山、富家坞	27.22	3.96	10.49	16.81
2	园岭寨	园岭寨	19.93	6.95	7.64	
3	西华山	漂塘、西华山、木梓园、左拔、荡坪	0.95	4.70	7.46	
4	马尾山			6.53	7.18	
5	铁山—白露岭			4.04	4.44	
6	雅山—下桐岭	黄竹坪、下桐岭	0.21	2.36	4.20	
7	阳储岭	阳储岭	2.31	2.51	4.02	
8	武山	武山	1.00	1.04	3.07	3.89
9	城门山	城门山	2.78	1.03	2.54	
10	桐坑排	羊子坑、桐坑排	0.42	2.92	3.59	
11	熊家山	熊家山	0.79	2.70	3.24	
12	茅坪—樟东坑	樟东坑、宝山、茅坪	0.44	1.44	2.45	
13	安子前—下村			1.96	2.35	
14	葛廷坑			2.04		
15	铜坑嶂	铜坑嶂	0.16	1.96		
16	黄家—东岗山			1.42	1.71	
17	洪家—黄土岭			0.54	1.08	1.61
18	东坑口—渡头			0.53	1.06	1.59
19	东坑	黄婆地	0.09	1.18	1.42	
20	罗龙—梨树下			1.08	1.30	
21	邓家山	邓家山、东雷湾	0.03	0.53	1.08	1.30
22	洋西坑—大垣坑		0.02	1.02	1.23	
23	杜村			0.33	0.66	0.98
24	鹤子塘			0.86		
25	三眼桥			0.39	0.66	0.69
26	笔架山	笔架山		0.29	0.57	0.69
27	丁家山			0.26	0.53	0.63
28	石壁脑—荫掌山		0.06	0.48	0.59	
29	小竹湖—高坑			0.40		
30	黄沙	隘上、黄沙、茅坪、盘古山、上坪	0.19	0.30	0.35	
31	八里铺			0.12	0.24	0.29
32	大湖塘	新安里、石门寺、大湖塘		0.12	0.24	0.28
33	王村			0.09	0.18	0.27
34	大吉山	大吉山	0.21	0.01	0.22	
35	画眉坳	画眉坳	0.11	0.09	0.11	
36	昆山			0.02	0.04	0.05
37	水晶山			0.01	0.02	0.02

注：按 2000 米以浅预测资源量大小排序，3 万吨以上在附图 27-1 上标明。

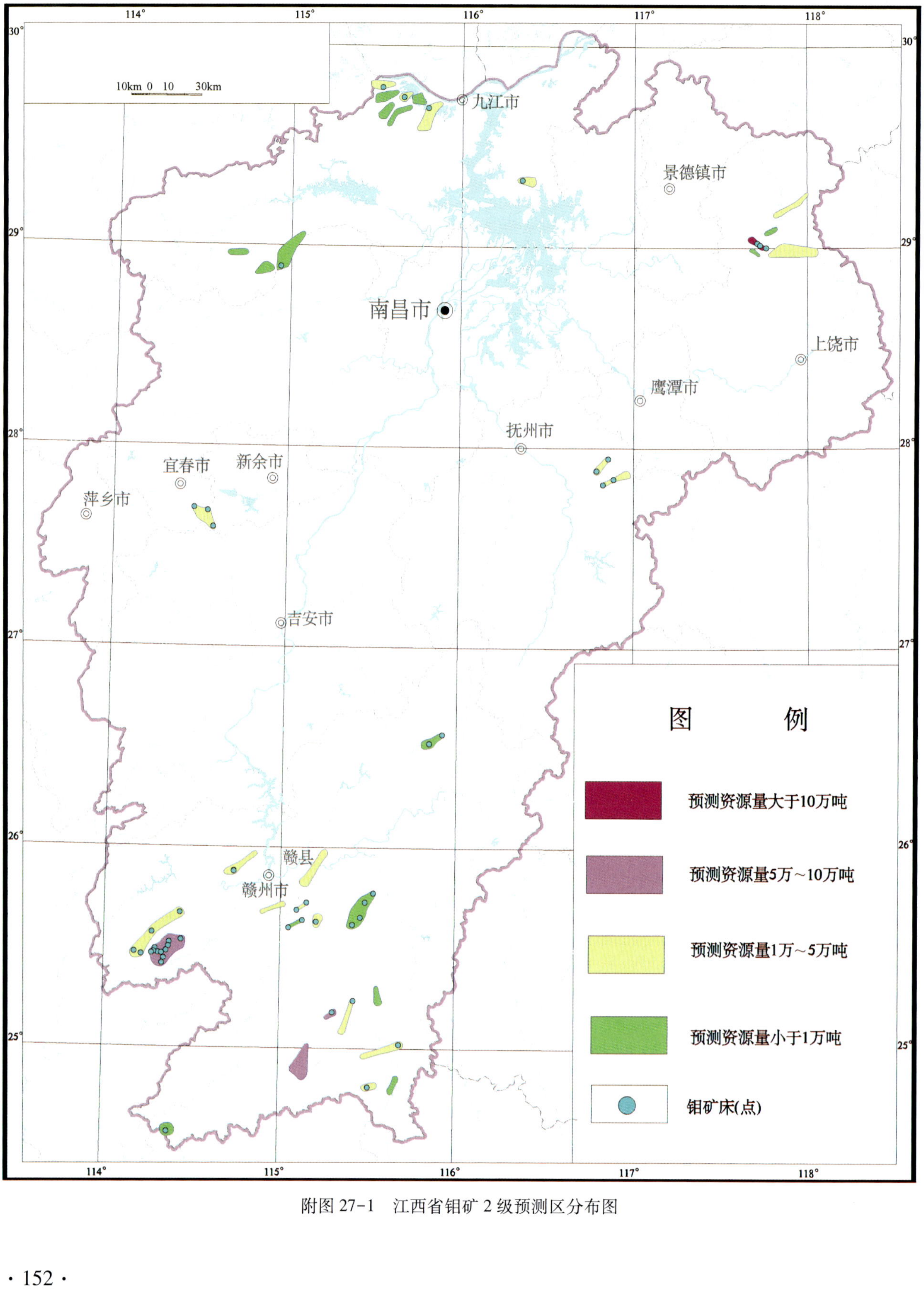

附图 27-1 江西省钼矿 2 级预测区分布图

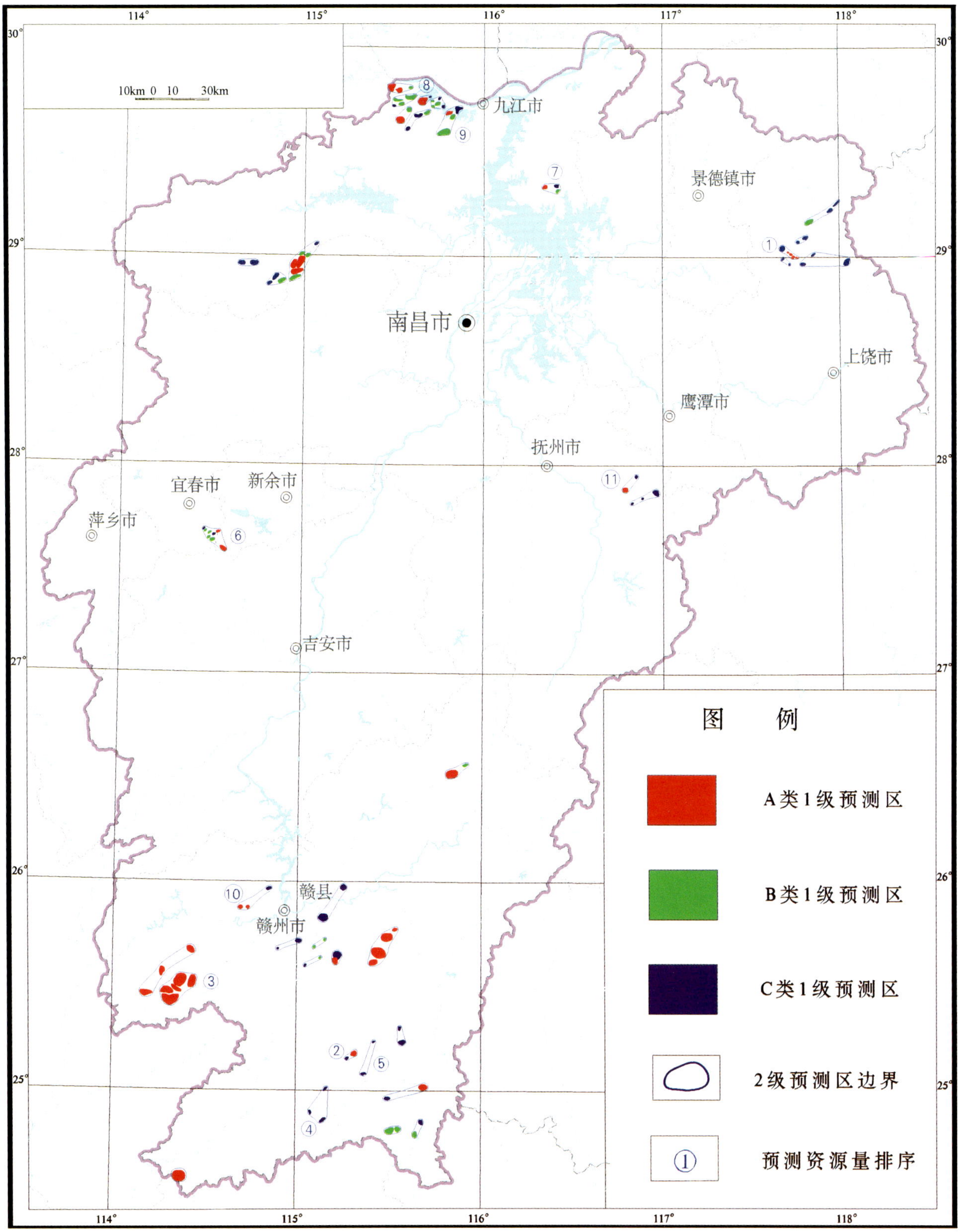

附图 27-2　江西省钼矿省级预测成果分布图

第二十八章　安徽省钼矿资源潜力评价与选区研究

一、概述

安徽省钼矿主要分布于皖西金寨地区、皖南地区和长江中下游地区，主要矿床类型为斑岩型、矽卡岩型和热液型3种类型。

安徽省钼矿总资源量为647.24万吨，其中累计查明钼资源储量258.41万吨，预测钼资源量388.83万吨。预测钼资源量中，按不同预测深度分类统计：500米以浅钼资源量173.90万吨，1000米以浅钼资源量328.81万吨，2000米以浅钼资源量388.83万吨；按不同地质可靠程度分类统计：334-1钼资源量106.82万吨，334-2钼资源量57.55万吨，334-3钼资源量224.46万吨；目前经济技术条件下，预测的钼资源量388.83万吨，均可利用。

安徽省钼矿预测工作，全省累计圈定了303个1级预测区和48个2级预测区。

二、累计查明资源储量

截至2012年底，安徽省钼累计查明资源储量258.41万吨，预测钼资源量388.83万吨。

三、不同预测深度预测资源量

安徽省钼矿预测资源量按深度分类统计如下：500米以浅钼资源量173.90万吨，1000米以浅钼资源量328.81万吨，2000米以浅钼资源量388.83万吨（见图28-1）。

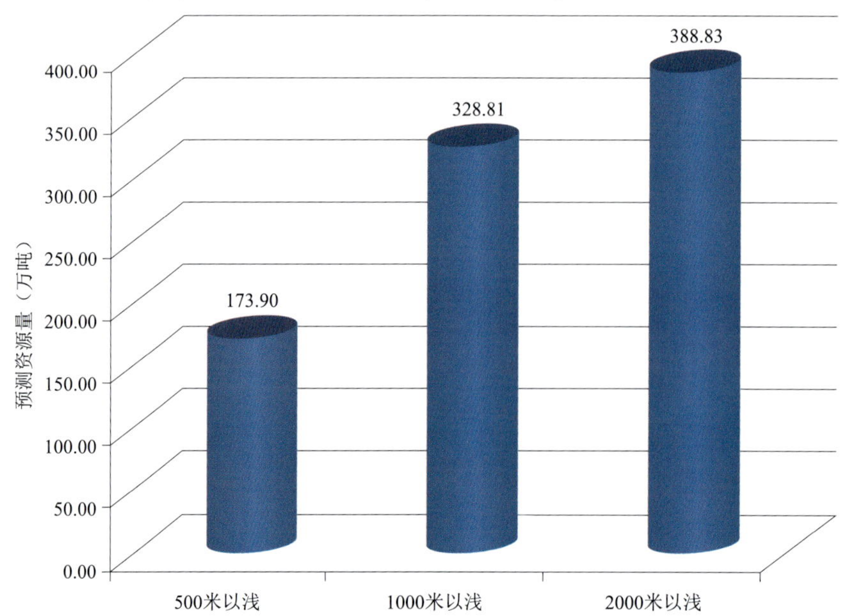

图28-1　安徽省钼矿不同预测深度预测资源量对比图

四、不同地质可靠程度预测资源量

安徽省钼矿预测资源量按地质可靠程度分类统计如下：334-1 钼资源量 106.82 万吨，334-2 钼资源量 57.55 万吨，334-3 钼资源量 224.46 万吨（见图 28-2）。

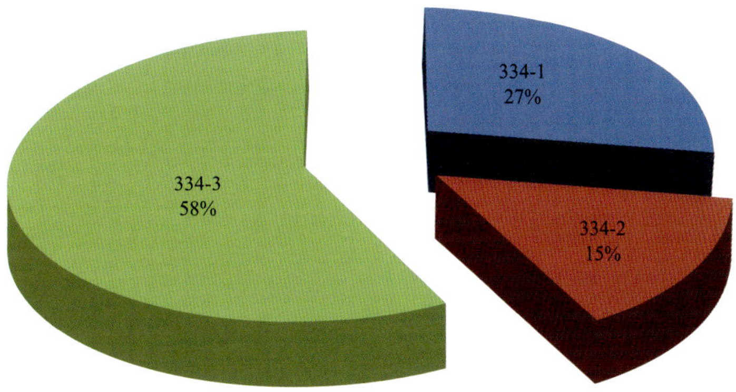

图 28-2 安徽省钼矿不同地质可靠程度预测资源量比例图

五、不同利用程度预测资源量

安徽省钼矿预测资源量按地质可靠程度分类统计如下：目前经济技术条件下，预测的钼资源量 388.83 万吨，均可利用（见图 28-3）。

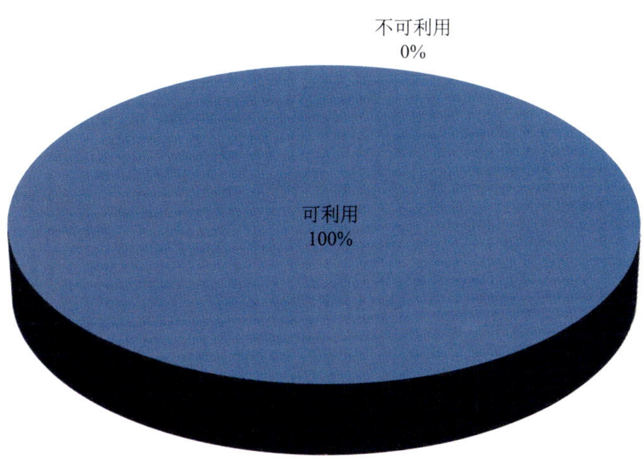

图 28-3 安徽省钼矿不同利用程度预测资源量比例图

六、2 级预测区简述

安徽省钼矿归并的 2 级预测区中，10 万~50 万吨的 12 个，5 万~10 万吨的 5 个，1 万~5 万吨的 12 个，小于 1 万吨的 19 个；大于 10 万吨的钼矿预测区主要分布在金寨、安庆—铜陵—宣城等地（见附图 28-1、附图 28-2、附表 28-1）。

附表 28-1　安徽省钼矿 2 级预测区一览表

序号	2 级预测区名称	A 类 1 级预测区名称	累计查明资源储量（金属量，万吨）	预测资源量（金属量，万吨）		
				500 米以浅	1000 米以浅	2000 米以浅
1	青山	青山、同兴寺		14.57	44.67	
2	沙坪沟	沙坪沟、周家	200.18	3.68	6.62	38.34
3	狮子山	狮子山、新桥、江家冲、亮天堂、郎坑、打杵山、药园山、宝山陶	0.29	12.48	28.36	36.51
4	方家山	方家山、口头万、塥岭		2.28	34.90	
5	良禾山	良禾山、横培		19.71	34.85	
6	黄山岭	黄山岭、黄山岭北、鸡头山、安子山	15.16	1.71	11.64	28.39
7	银水寺	大青峰岭		9.53	22.85	
8	百丈岩	百丈岩	0.81	9.29	21.46	
9	新桥	姚家岭、小工山		8.34	17.04	19.10
10	陈家畈			11.69	18.31	
11	五坑口			7.48	11.58	
12	塌泉			9.69	10.94	
13	檀树岭		4.09	6.09	9.56	
14	东川	东川		5.08	7.91	
15	铜矿里	铜矿里、许桥、山背冲、李家湾、抛刀岭、马头	0.16	2.12	7.38	7.73
16	兰花岭	兰花岭西北、浪荡坞、下大兴		5.62	7.36	
17	杨树湾	铜官山		6.93	5.00	5.51
18	六峰山			1.00	3.84	3.90
19	萌坑		0.37	1.88	2.98	
20	范村桥			2.31	2.93	
21	伞谷里			2.25	2.25	
22	姚墩			0.60	1.82	
23	荣村			1.56	1.82	
24	黄土坎			1.13	1.50	
25	麻姑山	麻姑山	1.12	0.89	1.50	
26	古祝	古祝、长院、小岔	0.07	0.49	1.38	
27	礼貌山			1.21	1.22	
28	里东坑	里东坑	0.15	0.58	1.22	
29	乔麦山	乔麦山、塔山、马湾		0.90	1.06	
30	麦坑	葛坑		0.36	0.79	
31	源头			0.21	0.51	
32	椢树坑			0.42	0.50	
33	际下—巧川	际下、巧川		0.10	0.28	0.36

续表

序号	2 级预测区名称	A 类 1 级预测区名称	累计查明资源储量（金属量，万吨）	预测资源量（金属量，万吨）		
				500 米以浅	1000 米以浅	2000 米以浅
34	逍遥	逍遥、逍遥北		0. 04	0. 27	0. 35
35	新岭			0. 09	0. 29	
36	高岭岗			0. 25	0. 29	
37	凤翔坦	方坞		0. 09	0. 29	
38	竹溪岭东	竹溪岭、里章村			0. 18	0. 29
39	塔山			0. 23	0. 27	
40	琅琊山		0. 12	0. 09	0. 16	0. 21
41	大坞尖	大坞尖	0. 51	0. 01	0. 13	0. 20
42	小贺			0. 05	0. 19	
43	铜岭关外	铜岭关外		0. 05	0. 17	
44	苏家湾	雁子删、东苏		0. 11	0. 14	
45	小王村			0. 05	0. 13	
46	岭脚吴			0. 04	0. 13	
47	陆家山	陆家山、杨冲、舒村		0. 04	0. 10	
48	塔湾			0. 02	0. 04	

注：按 2000 米以浅预测资源量大小排序，5 万吨以上在附图 28-1 上标明。

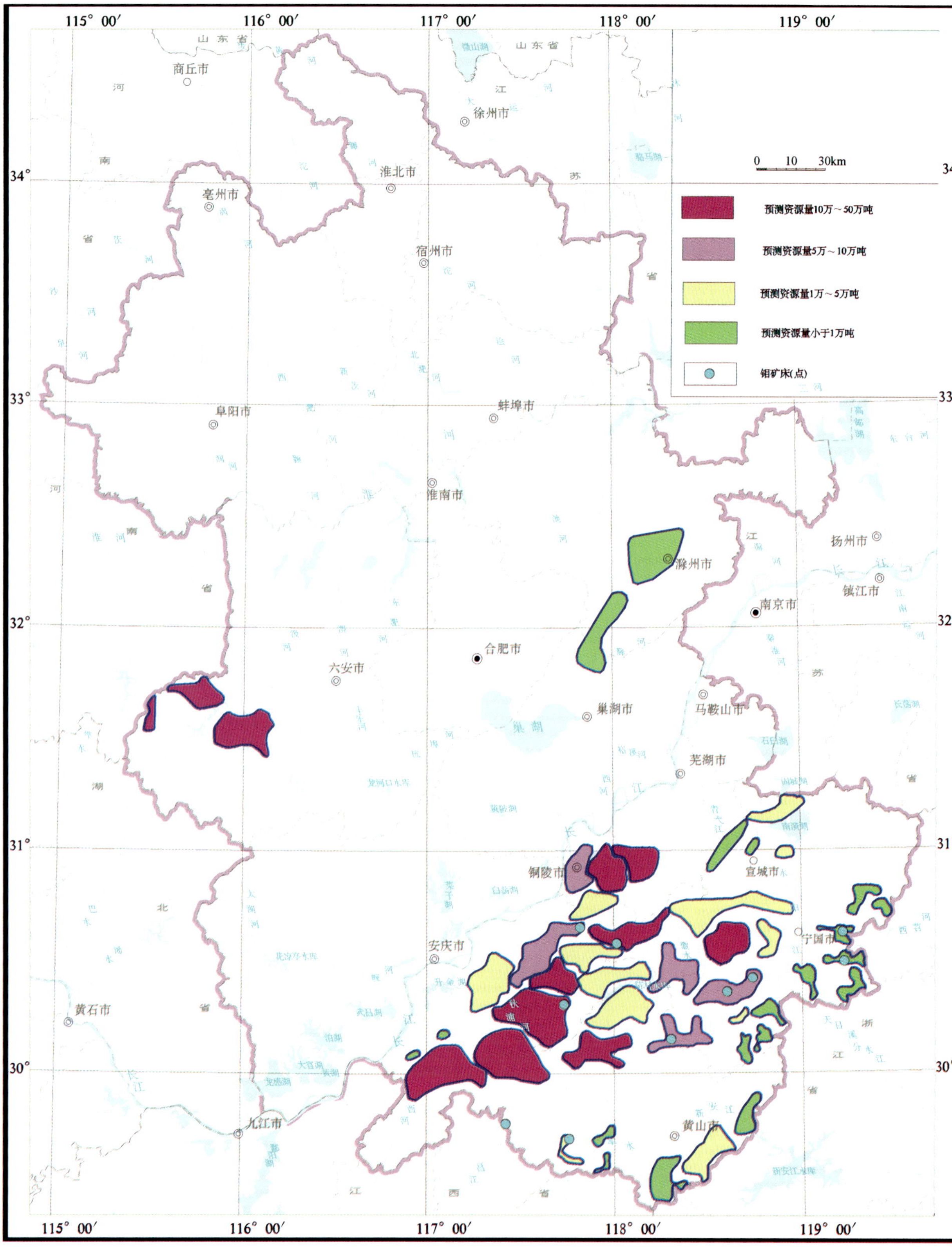

附图 28-1 安徽省钼矿 2 级预测区分布图

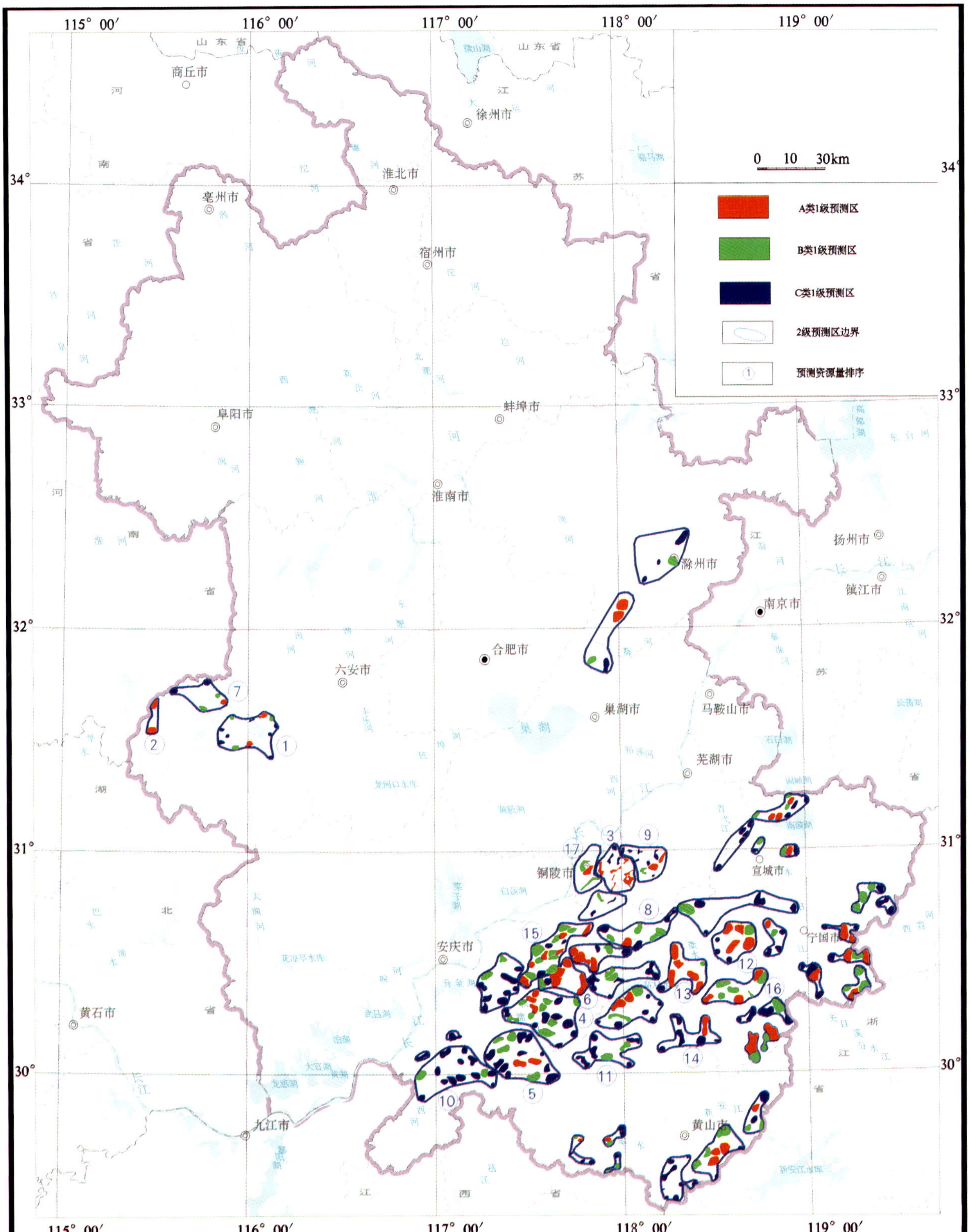

附图 28-2 安徽省钼矿省级预测成果分布图

第二十九章　浙江省钼矿资源潜力评价与选区研究

一、概述

浙江省钼矿主要分布于中北部的安吉—临安—诸暨地区和中南部的常山—遂昌—青田地区，主要矿床类型为热液脉型、斑岩型、矽卡岩型和海相沉积型。

浙江省钼矿总资源量为84.81万吨，其中累计查明钼资源储量4.46万吨，预测钼资源量80.35万吨。预测钼资源量中，按不同预测深度分类统计：500米以浅钼资源量76.91万吨，1000米以浅钼资源量80.35万吨，2000米以浅钼资源量80.35万吨；按不同地质可靠程度分类统计：334-1钼资源量34.35万吨，334-2钼资源量29.57万吨，334-3钼资源量16.43万吨；目前经济技术条件下，可利用的钼资源量79.12万吨。

浙江省钼矿预测工作，全省累计圈定了86个1级预测区和19个2级预测区。

二、累计查明资源储量

截至2012年底，浙江省钼累计查明资源储量4.46万吨，预测钼资源量80.35万吨。

三、不同预测深度预测资源量

浙江省钼矿预测资源量按深度分类统计如下：500米以浅钼资源量76.91万吨，1000米以浅钼资源量80.35万吨，2000米以浅钼资源量80.35万吨（见图29-1）。

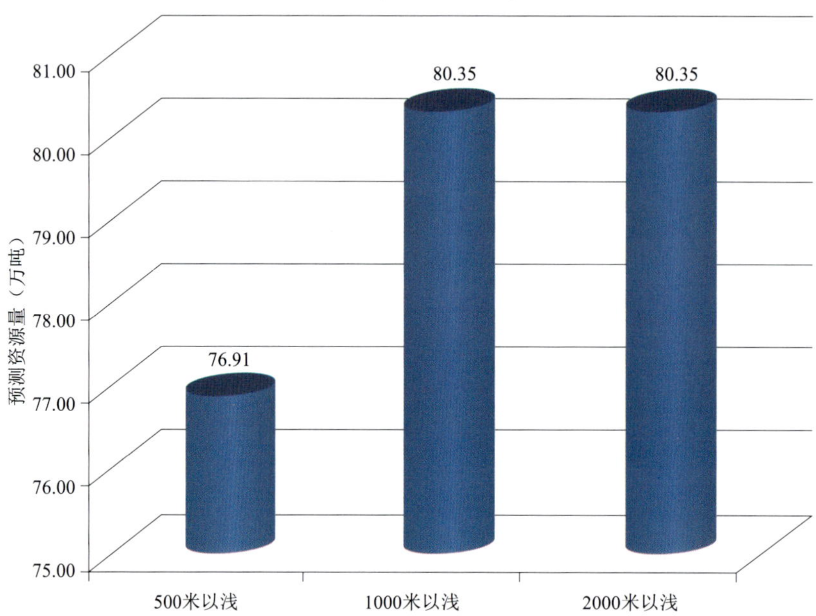

图29-1　浙江省钼矿不同预测深度预测资源量对比图

四、不同地质可靠程度预测资源量

浙江省钼矿预测资源量按地质可靠程度分类统计如下：334-1 钼资源量 34.35 万吨，334-2 钼资源量 29.57 万吨，334-3 钼资源量 16.43 万吨（见图 29-2）。

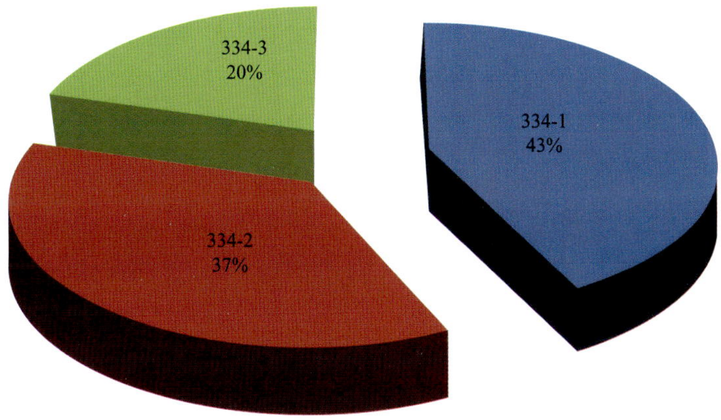

图 29-2　浙江省钼矿不同地质可靠程度预测资源量比例图

五、不同利用程度预测资源量

浙江省钼矿预测资源量按地质可靠程度分类统计如下：目前经济技术条件下，可利用的钼资源量 79.12 万吨、不可利用 1.23 万吨（见图 29-3）。

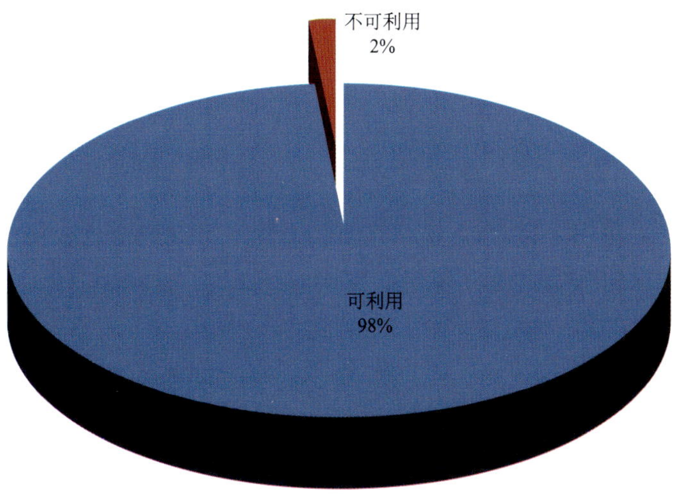

图 29-3　浙江省钼矿不同利用程度预测资源量比例图

六、2 级预测区简述

浙江省钼矿归并的 2 级预测区中，大于 10 万吨的 3 个，5 万～10 万吨的 2 个，1 万～5 万吨的 7 个，小于 1 万吨的 7 个；大于 10 万吨的钼矿预测区主要分布在青田、遂昌和安吉地区（见附图 29-1、附图 29-2、附表 29-1）。

附表 29-1　浙江省钼矿 2 级预测区一览表

序号	2 级预测区名称	A 类 1 级预测区名称	累计查明资源储量（金属量，万吨）	预测资源量（金属量，万吨）		
				500 米以浅	1000 米以浅	2000 米以浅
1	金华银坑			17.76		
2	青田石平川		4.29	15.11		
3	安吉上墅			9.68	11.62	
4	松阳靖居包	松阳鲁峰	0.54	9.60		
5	开化桐村			5.33		
6	丽水三官殿		0.07	4.55		
7	景宁		7489.00	3.88		
8	临安横岭后		0.81	2.86	3.43	
9	青田山炮		0.03	2.98		
10	金华雅干			1.91		
11	永嘉桥下			1.75		
12	桐庐—富阳		0.55	0.47	1.11	
13	临安素云			0.34	0.40	
14	绍兴漓渚	漓渚、娄家坞	0.50	0.25	0.34	
15	泰顺洋滨	泰顺洋滨	0.11	0.30		
16	诸暨白渔潭			0.09	0.11	
17	诸暨平阳弄			0.03	0.07	
18	常山荷塘			0.02	0.06	
19	衢州杜泽—龙游志棠			0.02	0.04	

注：按 2000 米以浅预测资源量大小排序，在附图 29-1 上标明。

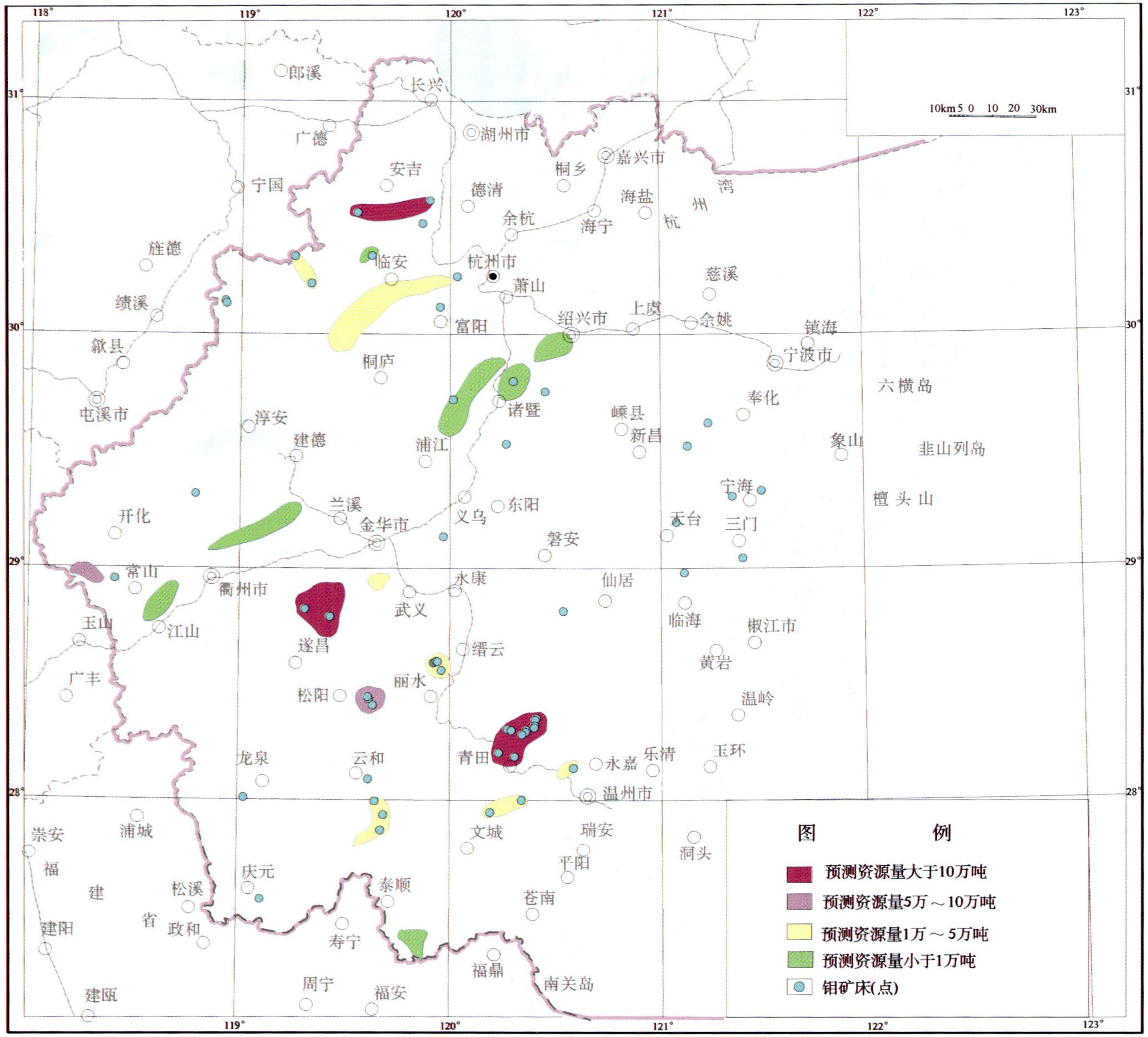

附图 29-1　浙江省钼矿 2 级预测区分布图

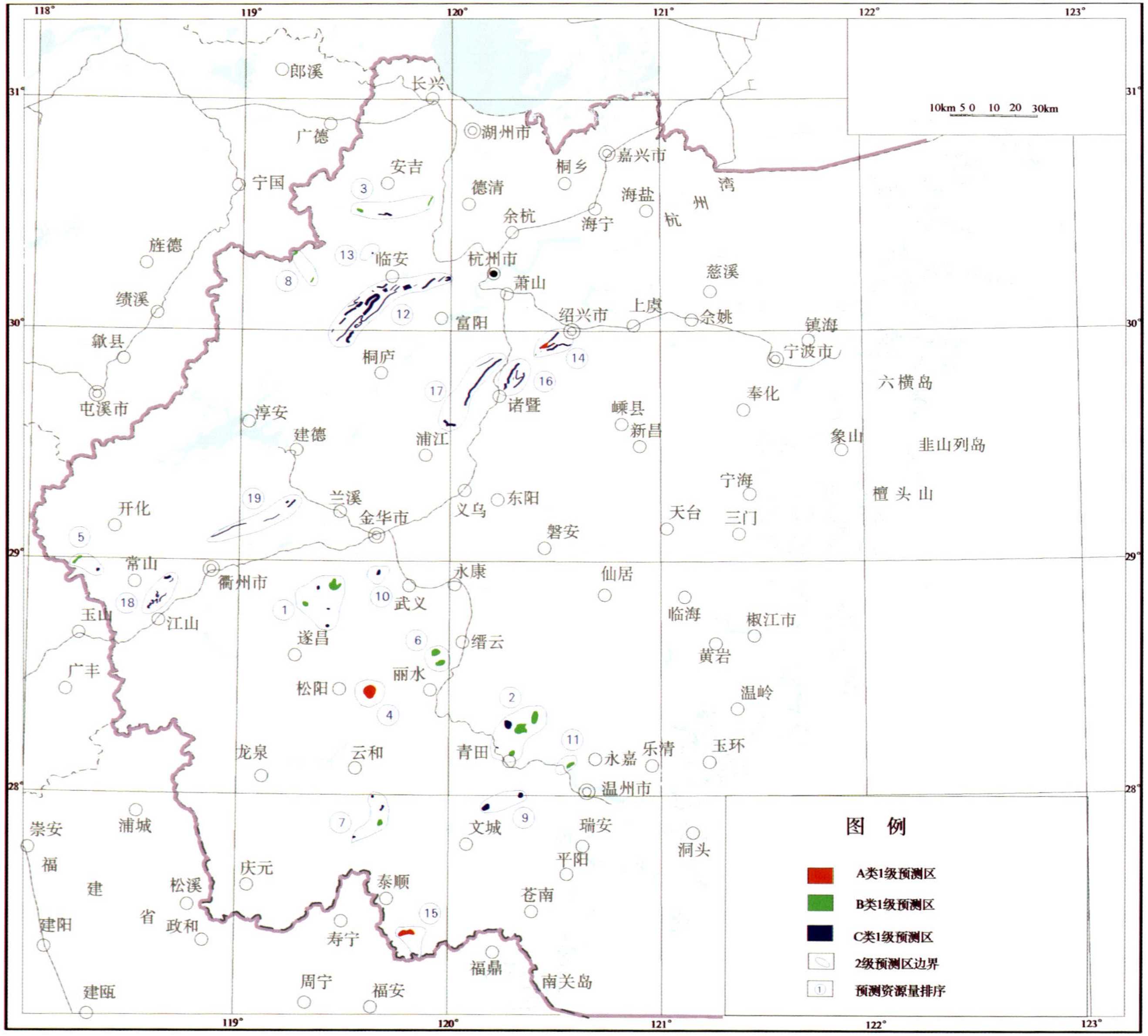

附图 29-2　浙江省钼矿省级预测成果分布图

第三十章　福建省钼矿资源潜力评价与选区研究

一、概述

福建省钼矿主要分布于闽西北崇安—建宁、将乐—清流地区，闽西南连城—上杭、大田—龙岩地区，以及闽东福安—闽清、华安—平和、南安—云霄地区，主要矿床类型为岩浆热液型、斑岩型和矽卡岩型。

福建省钼矿总资源量为655.97万吨，其中累计查明钼资源储量38.23万吨，预测钼资源量617.74万吨。预测钼资源量中，按不同预测深度分类统计：500米以浅钼资源量595.45万吨，1000米以浅钼资源量617.74万吨，2000米以浅钼资源量617.74万吨；按不同地质可靠程度分类统计：334-1钼资源量232.02万吨，334-2钼资源量264.70万吨，334-3钼资源量121.02万吨；目前经济技术条件下，可利用的钼资源量595.45万吨。

福建省钼矿预测工作，全省累计圈定了238个1级预测区和25个2级预测区。

二、累计查明资源储量

截至2012年底，福建省钼累计查明资源储量38.23万吨，预测钼资源量617.74万吨。

三、不同预测深度预测资源量

福建省钼矿预测资源量按深度分类统计如下：500米以浅钼资源量595.45万吨，1000米以浅钼资源量617.74万吨，2000米以浅钼资源量617.74万吨（见图30-1）。

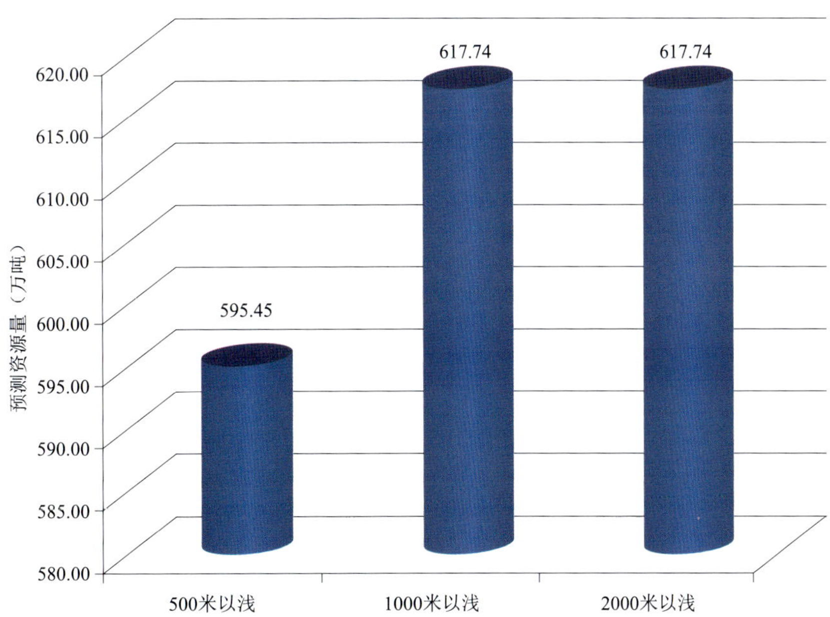

图30-1　福建省钼矿不同预测深度预测资源量对比图

四、不同地质可靠程度预测资源量

福建省钼矿预测资源量按地质可靠程度分类统计如下：334-1 钼资源量 232.02 万吨，334-2 钼资源量 264.70 万吨，334-3 钼资源量 121.02 万吨（见图 30-2）。

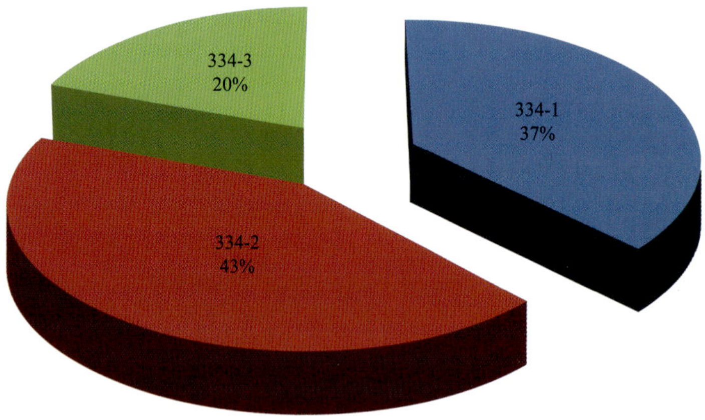

图 30-2　福建省钼矿不同地质可靠程度预测资源量比例图

五、不同利用程度预测资源量

福建省钼矿预测资源量按地质可靠程度分类统计如下：目前经济技术条件下，可利用的钼资源量 595.45 万吨、不可利用 22.29 万吨（见图 30-3）。

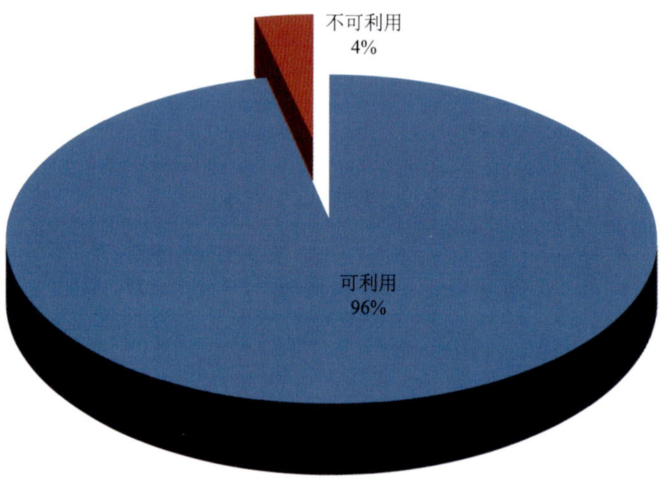

图 30-3　福建省钼矿不同利用程度预测资源量比例图

六、2 级预测区简述

福建省钼矿归并的 2 级预测区中，大于 50 万吨的 3 个，10 万~50 万吨的 17 个，5 万~10 万吨 2 个，1 万~5 万吨 3 个；大于 50 万吨预测区主要分布在闽南云霄县、闽西清流县和闽东泉州大林山地区（见附图 30-1、附图 30-2、附表 30-1）。

附表 30-1　福建省钼矿 2 级预测区一览表

序号	2 级预测区名称	A 类 1 级预测区名称	累计查明资源储量（金属量，万吨）	预测资源量（金属量，万吨）		
				500 米以浅	1000 米以浅	2000 米以浅
1	云霄县	南靖南坑、平和鸡笼山、锦溪	5.92	69.64		
2	清流县行洛坑	行洛坑	0.08	59.47		
3	泉州市大林山	大林山	1.08	52.62		
4	福安市赤路	福安赤路、周宁吴山底、仙岭尾	1.61	41.91		
5	建阳龙村—建瓯东游	建瓯路口、上范村	8.82	37.23	39.98	
6	漳平北坑场		8.29	21.57	33.13	
7	永安槐南	漳平北坑场、一顶尖西侧、大田香山		32.49		
8	永泰		3.36	27.20	30.57	
9	仙游县砺山	砺山	0.59	30.18		
10	将乐县万安		7.15	26.58	27.74	
11	永定县	永定山口	1.36	24.57		
12	长泰县枋洋	长泰东边洋		21.84		
13	松溪大林坑	大林坑、北孟村坑	3.71	21.51		
14	连城县庙前	上杭铁场村	3.15	21.46		
15	连城县姑田	黄沙瑶、姑田、管顶、花公庙	0.14	20.21		
16	古田三堡	闽清古洋村、闽侯金田村、南下村	8.88	17.21	17.41	
17	龙岩市马坑	马坑、漳坑、焦山、大坂	0.83	14.79		
18	浦城上厂	浦城上厂、松溪古同		12.22		
19	安溪县潘田	漳平市洛阳、安溪县潘田、剑斗、珍地		9.57	11.49	
20	武夷山市洋庄—邵武市水北	邵武大坡坳		10.44		
21	尤溪县卓坑—南平巨口	卓坑	0.09	8.76		
22	古田西朝	古田西朝、建瓯罗山	3.06	5.35	6.38	
23	浦城濠村—建阳回龙			3.11		
24	浦城永兴—九里	九里	1.28	3.10		
25	浦城石陂	上西坑	1.46	2.42	2.72	

注：按 2000 米以浅预测资源量大小排序，在附图 30-1 上标明。

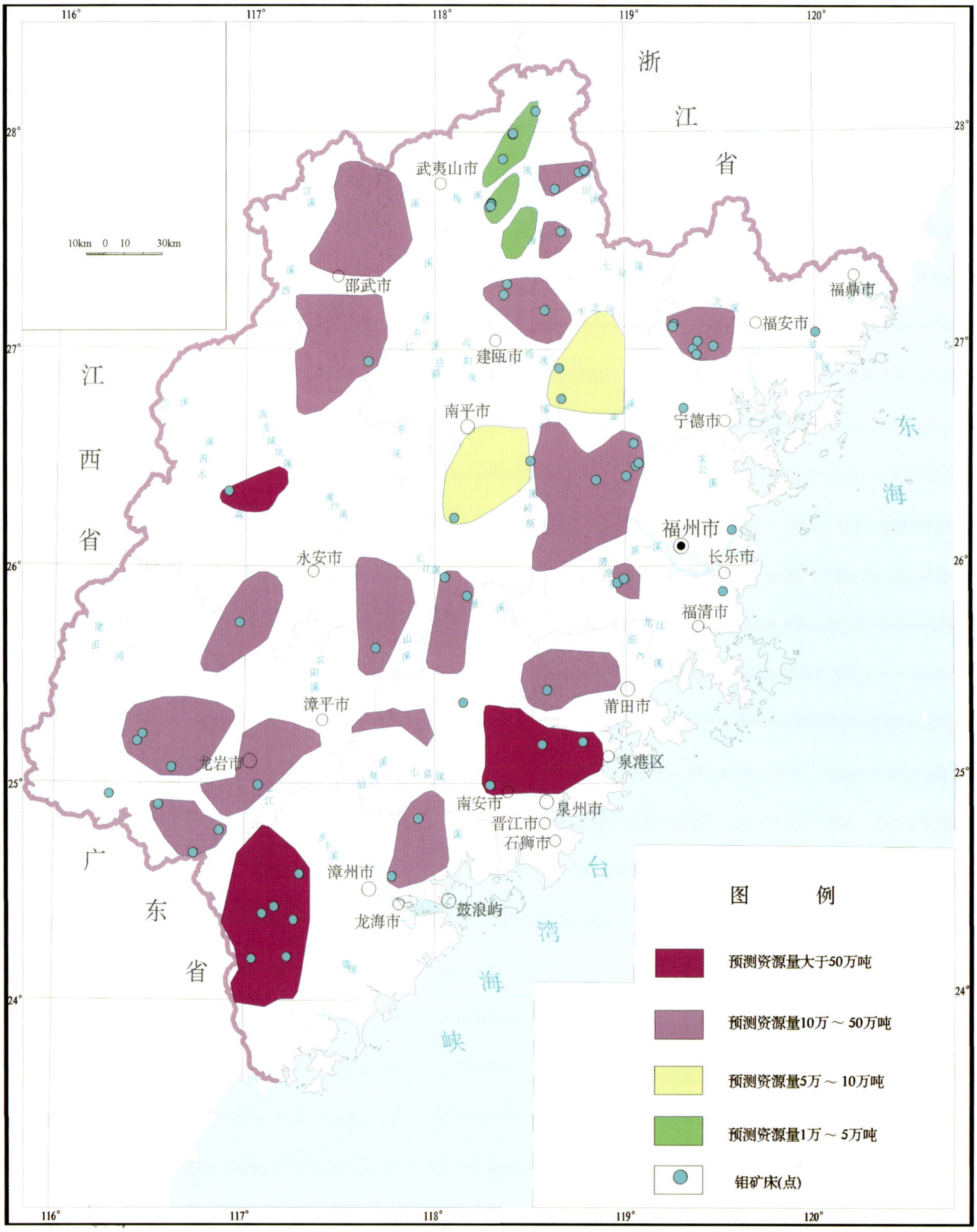

附图 30-1 福建省钼矿 2 级预测区分布图

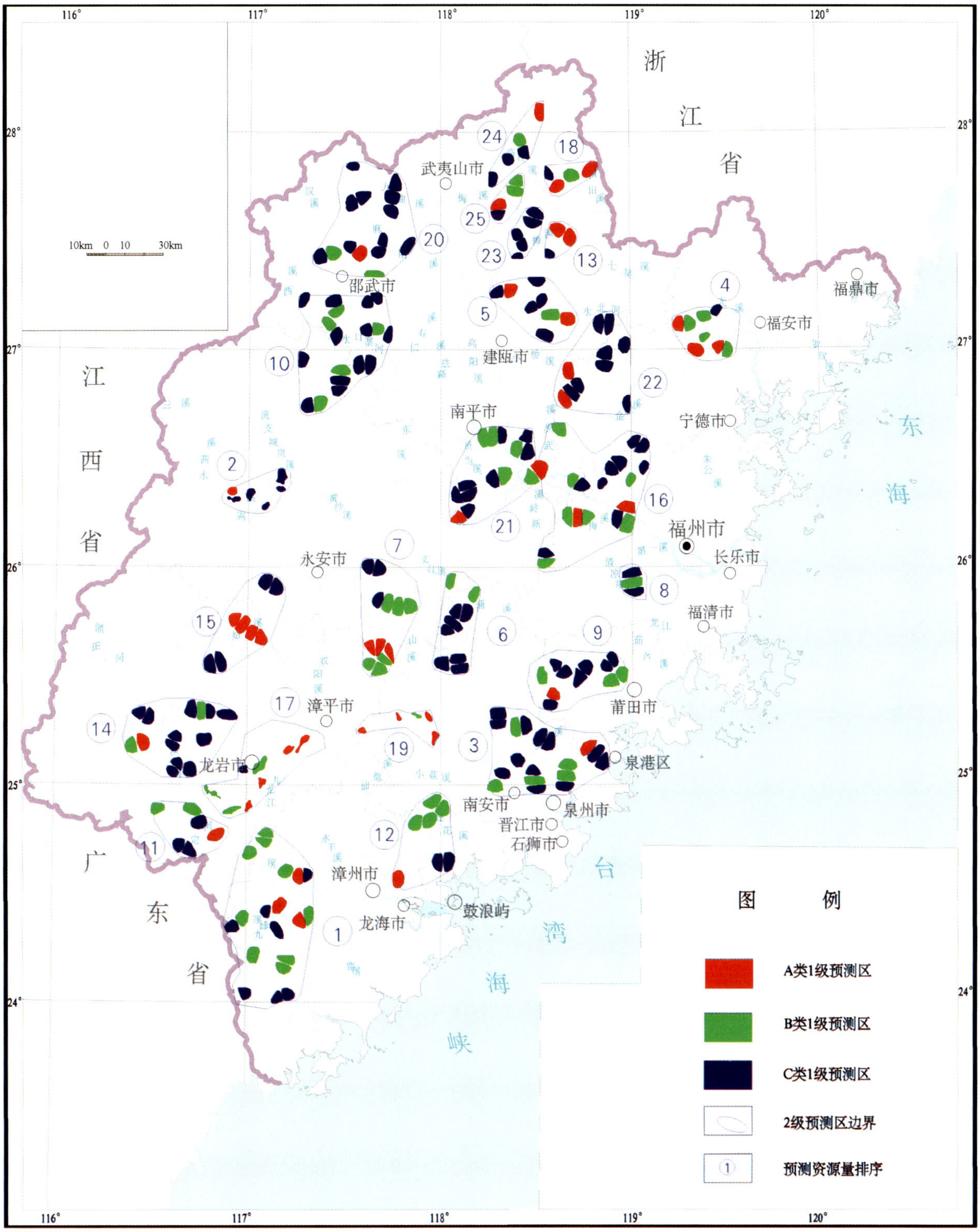

附图 30-2 福建省钼矿省级预测成果分布图